Nature
History
Library

U0442040

总策划：周雁翎

博物学经典丛书	策划：陈　静
博物人生丛书	策划：郭　莉
博物之旅丛书	策划：郭　莉
自然博物馆丛书	策划：邹艳霞
自然散记丛书	策划：邹艳霞
生态与文明丛书	策划：周志刚
自然教育丛书	策划：周志刚
博物画临摹与创作丛书	策划：焦　育

博物文库·博物学经典丛书

The Fairest Reptiles

鳞甲有灵

西方经典手绘爬行动物

〔法〕杜梅里
〔奥地利〕费卿格 ● 绘

齐　硕 ● 编排 /撰文

李丕鹏 ● 审订

北京大学出版社
PEKING UNIVERSITY PRESS

图书在版编目（CIP）数据

鳞甲有灵：西方经典手绘爬行动物 / (法) 杜梅里,(奥) 费卿格绘；齐硕撰文. — 北京：北京大学出版社,2017.7

（博物文库·博物学经典丛书）

ISBN 978-7-301-28275-5

Ⅰ.①鳞… Ⅱ.①杜… ②费… ③齐… Ⅲ.①爬行纲－图谱 Ⅳ.①Q959.6-64

中国版本图书馆CIP数据核字(2017)第098107号

书　　名	鳞甲有灵——西方经典手绘爬行动物 LINJIA YOU LING——XIFANG JINGDIAN SHOUHUI PAXING DONGWU
著作责任者	〔法〕杜梅里〔奥地利〕费卿格 绘　齐硕 编排/撰文
责任编辑	郭　莉
标准书号	ISBN 978-7-301-28275-5
出版发行	北京大学出版社
地　　址	北京市海淀区成府路205号 100871
网　　址	http://www.pup.cn　新浪微博：@北京大学出版社
电子信箱	zyl@pup.pku.edu.cn
电　　话	邮购部 62752015　发行部 62750672　编辑部 62767857
印 刷 者	北京方嘉彩色印刷有限责任公司
经 销 者	新华书店
	889毫米×1194毫米　大16开本　16.25印张　350千字
	2017年7月第1版　2017年7月第1次印刷
定　　价	108.00元

目 录

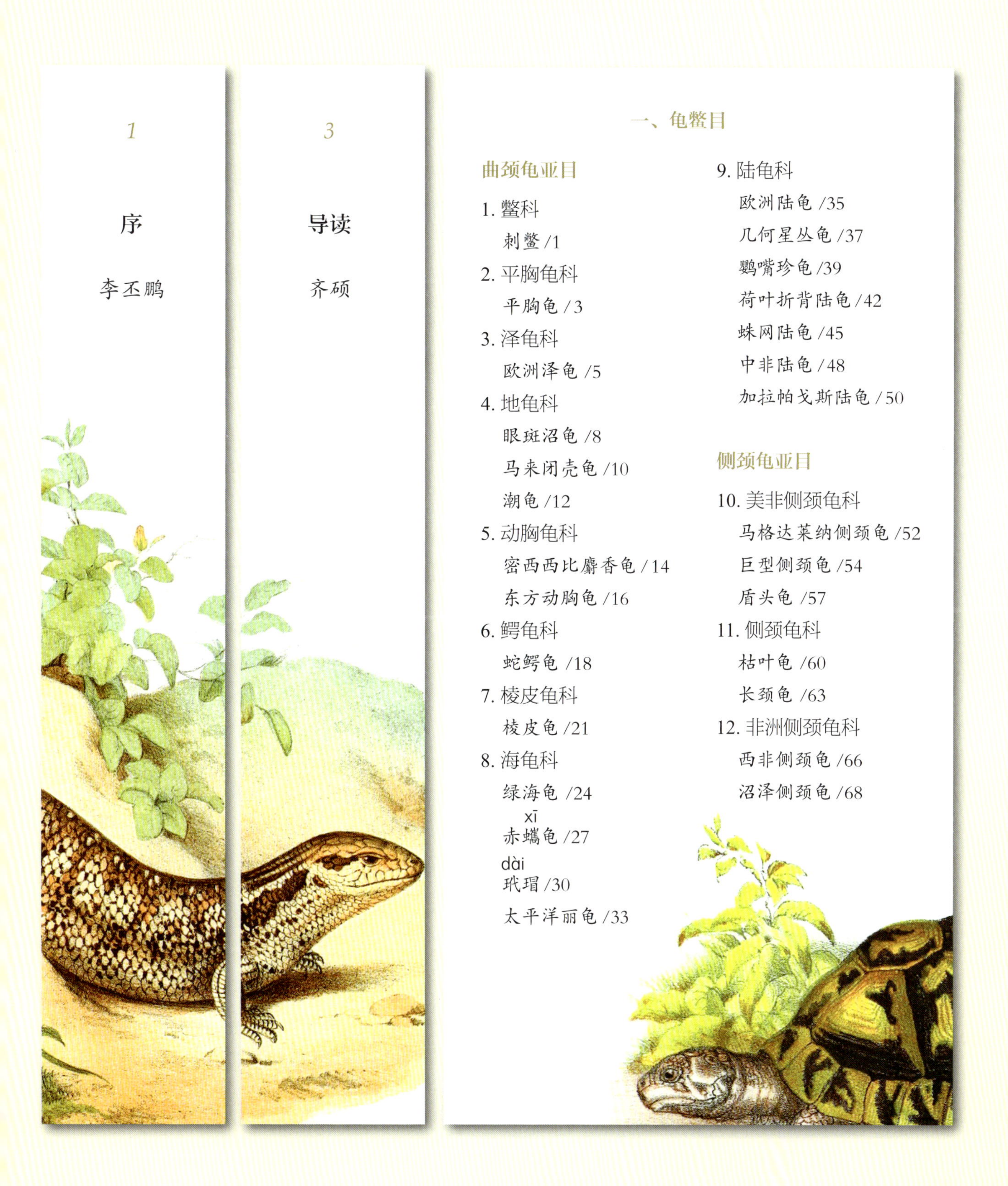

二、鳄形目

三、有鳞目

蜥蜴亚目

蚓蜥亚目

蛇亚目

序

李丕鹏
（李丕鹏，沈阳师范大学两栖爬行动物研究所教授）

爬行动物是最早摆脱对水环境依赖的脊椎动物类群，是脊椎动物从水生到陆生、由低等向高等演化的重要一环。研究爬行动物的学科是动物学的一门分支，叫做两栖爬行动物学（Herpetology），其中也包含对两栖动物的研究。

动物分类是认识和研究动物的基础，其历史几乎与人类本身一样古老。成书于战汉时期的《尔雅》是中国古代第一部对动物进行分门别类的古籍，书中将不同动物分别列入释虫、释鱼、释鸟、释兽、释畜等五个篇章，其中爬行动物被归于鱼类。西方对于爬行动物分类的记载可追溯到古希腊亚里士多德时期，他首先将动物分为“有血动物”和“无血动物”两大类，然后再根据动物的其他形态特征作进一步细分，爬行动物属于有血动物的“卵生被鳞四足类”和“蛇类”。1758年，瑞典学者林奈（C. Linné）在其著作《自然系统》第十版中第一次使用双名制命名动物，这一著作奠定了动物分类学的基础。

动物的命名和描述是动物分类学最基本的内容，新物种的描述更是少不了对动物形态特征的记录。在数码科技飞速发展的今天，人们有各种便利的条件去获取非常清晰、全面的影像资料。但在19世纪，刚刚诞生的摄影术还无法完全满足对于新物种进行形态记录的要求。当时直观的动物形态外貌只能靠画笔绘图来表现，从而催生出了动物科学绘画师这一特殊职业。

本书收录的画作主要来自于两位作者——法国动物学家杜梅里和奥地利动物学家费卿格，这两位先驱为近代两栖爬行动物学的发展做出了卓越贡献，同时他们也兼具深厚的绘画功底，在条件十分有限的情况下根据标本绘制了上百幅精美绝伦的科学绘画及生态图。不同于鸟类、哺乳类采用剥制法来保留标本，爬行动物标本保存多使用浸制法，即将标本浸泡于有防腐功效的保存液中。虽然由于脱水脱色，标本很难维持其生活时的形态及颜色，绘图有时无法完全再现动物活体的真实状态，但瑕不掩瑜，他们的作品依然是科学与艺术相结合的完美之作。

希望《鳞甲有灵——西方经典手绘爬行动物》这部书能够让更多人领略到科学绘画的艺术魅力，醉心于自然之美，并与之和谐共存。

2017年3月 于沈阳

安德烈·杜梅里
（André Duméril，1774—1860）

利奥波德·费卿格
（Leopold Fitzinger，1802—1884）

导 读

齐硕

本书中的150余幅爬行动物科学绘画来自于两位作者，分别是法国动物学家安德烈·杜梅里(André Duméril，1774—1860）和奥利地动物学家利奥波德·费卿格（Leopold Fitzinger，1802—1884）。

一、安德烈·杜梅里

杜梅里1774年出生于法国北部城市亚眠，早年研习医学。1793年，仅19岁的他就取得了鲁昂医学院解剖医师资格，这段学习经历为他后来进行动物解剖绘图打下了坚实的基础。1801—1812年间，杜梅里任法国自然历史博物馆解剖学教授，他对动物分类学产生了浓厚兴趣，开始大量收集整理两栖爬行动物标本，对它们进行绘图及描述，发表了大量未被描述的新物种，研究重点在于梳理不同动物类群的属间关系。他还在巴黎植物园首次尝试使用仿生态环境饲养爬行动物，观察它们的行为。他始终认为动物在行为上的差异也具有分类学意义。

杜梅里于1834—1854年间出版的《爬行纲通志》（*Erpétologie Générale, Ou Histoire Naturelle Complète Des Reptiles*）称得上是科学史上的鸿篇巨著。全套书共10卷，总计页数近7000页，前9卷为文字描述部分，从形态学、解剖学、生理学等诸多方面详细描述了1393个物种，最后一卷含有120幅精美的手绘图版。本书中署名“杜梅里 绘”的图幅，就主要出自这套历史性的巨著。这套著作的出版并非杜梅里一人之功，参与编写和绘图的还有杜梅里的助手加百利·比布龙（Gabriel Bibron，1805—1848）以及杜梅里的儿子奥古斯特·杜梅里（Auguste Duméril，1812—1870）。

比布龙出生于法国巴黎，其父亲是法国自然历史博物馆的职工，因此他从小就受到自然科学的熏陶，在动物分类方面有良好的基础。在法国自然历史博物馆工作期间，他作为杜梅里的助手，对采集到的动物标本进行分类描述。他的绘画技艺也十分精湛，擅长表现细节。可惜天妒英才，1848年，年仅43岁的比布龙就因患肺结核不幸离世。

比布龙去世后，杜梅里的助手一职由他的儿子奥古斯特·杜梅里接任。奥古斯特·杜梅里在法国自然历史博物馆工作期间，任两栖爬行动物学及鱼类学教授，曾于1864—1866年间亲自前往中美洲采集动物标本。1869年，他当选法兰西科学院院士。他在学术上的造诣丝毫不逊于他的父亲。在生物学研究史上，这对传奇父子可称为模范。

二、利奥波德·费卿格

费卿格1802年出生于维也纳，毕业于维也纳大学植物学专业，1817—1861年间在维也纳自然博物馆进行两栖爬行动物分类学研究工作，晚年任慕尼黑动物园园长和布达佩斯动物园园长。他于1867年出版的《图说脊椎动物》（*Bilder-atlas zur Wissenschaftlich-populären Naturgeschichte der*

Wirbelthiere）是他的代表性著作，其中包含 107 幅手绘图版。他一生中发表了大量新物种，还将它们分门别类，建立了许多不同的属，这些属中至今仍有 70 余个被沿用。他所做的工作对两栖爬行动物学的发展产生了重大影响。费卿格画工细腻，注重还原动物生活时的样貌，并在画中交代其所处的生存环境，与杜梅里的绘画风格相比，可谓是各有千秋。但也不难看出，费卿格对杜梅里的一些作品进行了临摹，并在其中添加自己特有的绘画元素。

三、爬行动物

爬行动物最早由一类迷齿两栖动物演化而来，目前已发现最早的爬行动物是生活于石炭纪晚期的林蜥（*Hylonomus* sp.），距今已有 3.12 亿年。中生代时，爬行动物的种类和数量达到鼎盛时期，占据着生物圈的各个生态位，很多种类还发展为令人难以置信的巨大体型。不过，大约在 6500 万年前，地球经历了一系列地质气候变化，在受到外来天体撞击、温度剧变、地壳活动等多重因素影响下，爬行动物家族开始日渐衰颓，不仅种类、数量大幅减少，在个体大小上也逐渐向小发展。作为脊椎动物从水生到陆生、由低等向高等演化的关键一环，爬行动物与两栖动物、鸟类以及哺乳类之间都有着相当密切的联系。

在大多数人眼中，两栖动物和爬行动物这两类样貌原始的“冷血动物”应该具有最近的亲缘关系。其实不然，这两类动物的亲缘关系较鸟类、哺乳类与爬行类的关系要远。二者的区别存在于各个方面。首先，两栖类在发育上具有一段完全生活在水中并用鳃呼吸的幼体期，经变态后改为营水陆两栖生活，用肺兼以皮肤呼吸；爬行动物在发育过程中则不具有变态现象。其次，两栖类的皮肤柔软且具有丰富腺体，表面多湿润；而爬行动物体表被以角质鳞片或骨板，表面干燥。爬行动物与两栖动物最大的区别，同时也是爬行动物在进化上与两栖动物相比更胜一筹的地方在于，爬行动物的生殖过程中，首次出现了“羊膜卵”这一结构。羊膜卵，顾名思义，就是产下的卵中具有由羊膜包被的胚胎，卵最外层可能还具有钙质或革质的卵壳。羊膜卵的出现，标志着爬行动物在繁殖的环节彻底摆脱了对水环境的依赖。而绝大多数两栖类，其产卵和授精的过程必须在水中完成。此外，二者在呼吸系统、循环系统等方面也存在诸多差异。

在现代生物分类学启蒙时期，人们常常将两栖动物和爬行动物归为一类。1745 年，利奥内（Lyonnet）首次提出 Reptiles 一词，并把它作为纲名，其中就包括爬行动物和蛙类等。1758 年，瑞典生物学家林奈（C. Linné）在其所著《自然系统》第十版中将爬行动物列入两栖纲 Amphibia。1768 年，劳伦修斯（Laurentius）著成《爬行纲提要》一书，这部著作的出版标志着 Reptiles 在分类学范畴内正式作为纲名的起始，不过直至此时，两栖类与爬行类仍被置于一纲之中。1800 年，布龙尼亚（Brongniart）以动物的体内构造、繁殖方式与发育过程立论，开始将两栖动物与爬行动物拆分为两类。随着人们对生物分类的认识不断深入，直到 19 世纪 50 年代前后，两栖动物与爬行动物分属不同纲的理论才彻底确立。

说了这么多，究竟什么样的动物才能算是“爬行动物”呢？想要给它们下一个科学定义恐怕不是件容易的事。在传统的林奈分类系统中，人们将所有身披鳞甲、能产下羊膜卵的“变温”脊椎动物类群称为爬行纲，这其中不仅包括现生爬行动物，还包括已灭绝的恐龙、翼龙、鱼龙等。不过随着分子生物学的飞速发展，人们发现具有条条框框的传统分类系统已经越来越不足以反映物种之间的亲疏关系。举个例子来说，现在已有足够多的证据支持鸟类是由兽脚类恐龙中的一支演化而来，那么爬行动物与鸟类的关系该如何界定呢？通过 DNA 层面的比对和分析，人们还发现，鳄鱼与鸟类的亲缘关系甚至近于同属爬行纲的蜥蜴，可以说颠覆了人们对爬行动物起源演化的传统认识，给传统分类系统出了个大难题。

20 世纪中叶，德国昆虫学家威利・亨尼希（Willi Hennig，又有译为威利・汉宁根）提出分支系统学（Cladistics）理论，来研究种级或种级以上分类单元之间的始于共同祖先的谱系关系格局，即根据 DNA 序列和形态学特征等数据，建立系统发育树，以表示这种谱系格局。

以分支系统学理论分析，所谓的“爬行纲”其实并不是一个单系类群，换句话说，现存的四大类爬行动物并不是起源自同一祖先，彼此之间的亲缘关系相去甚远。根据分支系统学的理论，现代爬行动物与鸟类所组合成的单系群被称为蜥形纲（Sauropsida），再与以哺乳类为代表的合弓纲（Synapsid）组成单系群，这一大类我们称之为羊膜动物（Amniote）。哺乳类与爬行类的分化时间较早，早在 3 亿多年前的石炭纪晚期，这两大类动物的祖先就已走上截然不同的演化道路。鸟类则最早起源于 1 亿多年前的白垩纪早期，目前较一致的观点认为其是由兽脚类恐龙中的虚骨龙类演化而来。由此见得，平时我们觉得外貌迥然不同的爬行类、鸟类和哺乳类实际上起源自同一祖先，可谓是同源殊途，各自以不同的生存方式适应这颗不断变化的蓝色星球。

说完爬行纲与其他陆生脊椎动物类群的关系，接下来我们来了解一下传统意义上的爬行动物都包含有哪些种类。根据爬行动物数据库（The Reptile Database）统计，截至 2016 年 8 月，全世界已知现存的爬行纲物种数约为 10450 余种，物种丰富度位列脊椎动物门第三位，仅次于硬骨鱼纲和鸟纲。爬行纲下可分为龟鳖目、鳄形目、喙头目和有鳞目四大类群，其中有鳞目又下分为蛇亚目、蜥蜴亚目和蚓蜥亚目三类。

1. 龟鳖目

龟与鳖在中国传统文化中一直享有特殊地位，古人羡其寿长，自古以来就将龟鳖视作祥瑞之物，与龙、凤、麒麟并称“四灵”。

龟鳖目在世界范围内已知现存 340 余种，我国已知约 33 种，它们中包括了我们所熟知的乌龟、陆龟、海龟以及鳖等。根据解剖学差异，龟鳖目下又可分为曲颈龟亚目和侧颈龟亚目两大类群。

龟鳖目的起源一直是学界争论的热点话题，它们与其他爬行动物最显著的区别在于具有匣状的外壳，遇到危险时多数种类可以将头、尾、四肢缩入壳中。龟壳的起源目前学界也尚无定论，普遍认为其主要来源于骨骼多个部位的连接与衍生。

2. 喙头目

喙头目的起源可追溯至两亿多年前的三叠纪早期，于中生代时种类最为繁多，广布于世界各地。但在经历数次大灭绝事件后，绝大多数种类均已灭绝，现仅存斑点楔齿蜥（*Sphenodon punctatus*）一种，仅见于新西兰北部沿海的部分小岛之上，属原始的孑遗物种，数量稀少。斑点楔齿蜥的样貌和蜥蜴近似，但它们是截然不同的两类动物，最明显的差异在于斑点楔齿蜥有特殊的牙齿结构以及雄性没有交接器官。楔齿蜥生长速度缓慢，需15~20年才能达到性成熟，卵则需要经过12~15个月才能完成孵化。如此慢节奏的生活让它们具有超长的寿命，通常可达百年以上。

3. 鳄形目

鳄形目现存3科9属24种，分布于南北半球的热带、亚热带地区，我国仅存一种，为鼍（tuó）科鼍属的扬子鳄。目前世界上体型最大的鳄鱼是分布于南亚、东南亚以及澳大利亚北部的湾鳄，全长可逾6米，重达1吨；最小的鳄鱼为南美的盾吻古鳄，成体全长仅一米余。生活于白垩纪晚期的恐鳄全长可达10米以上，重量据估计可达8吨，以小型恐龙为食。鳄形目动物是爬行纲中最为高等的类群，亲缘关系与鸟类接近，神经系统和循环系统较爬行纲其他类群更完善，主要表现在：大脑开始出现由新脑皮组成的大脑皮质；小脑有侧向突出的小脑绒球；交感神经系统特别发达；心脏分化为四室，左、右心室完全分开，其间仅留一潘尼兹氏孔相联，心脏中动脉血和静脉血基本不相混合，接近于真正的双循环。

4. 有鳞目

有鳞目是现存爬行动物中最为繁盛的一支，其种类约占现存爬行纲物种总数的96%以上，分布于除南极洲以外的各个大陆，有些种类还可完全生活于海洋之中。有鳞目下有三个亚目，分别是、蜥蜴亚目、蚓蜥亚目和蛇亚目，它们的共同特征是周身被以角质鳞片，泄殖腔孔呈横裂，雄性具有被称为“半阴茎”的成对交接器官。

在有鳞目下的三大类群中，蚓蜥亚目的种类最少，仅有不足200种，不具四肢，形似蚯蚓，营半穴居生活。蜥蜴亚目现存约6300种，是有鳞目中形态分化最为多样的类群，有能快速变化体色的避役、无足似蛇的脆蛇蜥，还有能攀附于墙面的壁虎，就连白垩纪时统治海洋的沧龙也属于蜥蜴的一支，可见蜥蜴对环境的适应能力当属爬行纲中的佼佼者。蛇亚目现存3600余种，是爬行纲最后演化出来的一个分支，也是最为特化的类群。关于其起源有“陆生说”和“海生说”两大假说，目前主流观点认为，蛇类最早由一类穴居蜥蜴演化而来，为适应地下生活，四肢逐渐缩小、消失，视觉功能也逐渐被敏锐的嗅觉所替代，有的类群还发展出具有“夜视”功能的“热测位器”。蛇类最令人胆寒的特性莫过于有些种类可分泌致命的毒液。蛇毒为一类特化的蛋白质，可以破坏机体组织或神经系统，从而快速地杀死猎物，提高捕食效率。

以上就是对爬行动物的概述，希望能帮助读者初步了解这个独特的动物类群。

一 龟鳖目
曲颈龟亚目

1. 鳖科

刺鳖

Apalone spinifera

现存的龟鳖目可分为曲颈龟亚目和侧颈龟亚目两大类群。曲颈龟亚目又名潜颈龟亚目或隐颈龟亚目，包含了龟鳖目中的绝大多数种类，海龟科、陆龟科、地龟科、鳖科等均隶属于其中，广泛分布于除南极洲外的各大洲和除北冰洋外的各大洋。它们的共有特征是，绝大多数种类的颈部都能呈“S”形地缩入壳内。

刺鳖又名角鳖，因其背盘前缘具一排突起的刺而得名。分布于美国东部、加拿大和墨西哥部分地区，是北美地区体型最大的鳖类之一，背盘可长达50厘米。幼体头两侧各具一道自吻端至颈部的黄色贯眼纹，体色通常呈橄榄绿色，背盘之上散布黑色小点；成体后体色略微加深，黄色贯眼纹和黑色小点变得模糊甚至不见。为了能够更长时间地潜于水下，包括刺鳖在内的很多水栖龟鳖都具有除肺以外的辅助呼吸方式，例如具有丰富毛细血管的口咽壁和副膀胱可以与水中的溶解氧进行气体交换。到了冬天，它们就以此特殊的呼吸方式伏于水下进行冬眠。

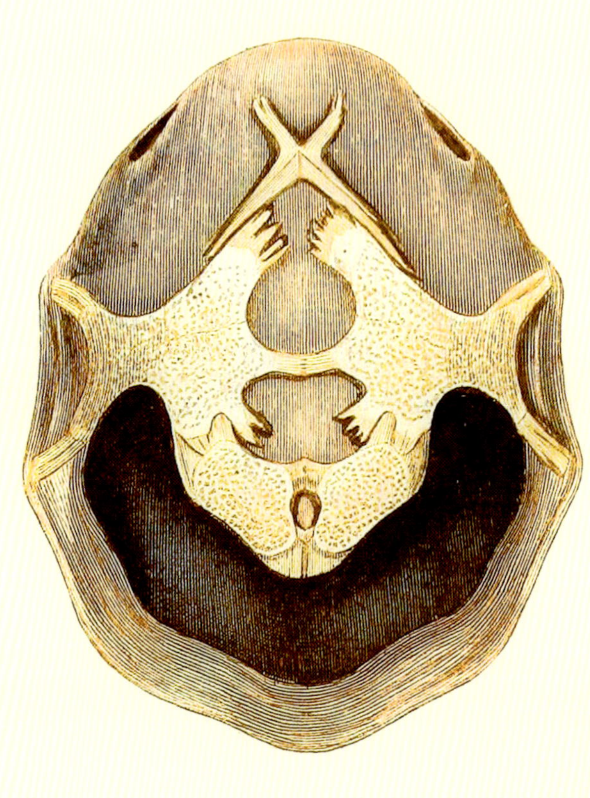

刺鳖

（杜梅里 绘）

2. 平胸龟科

平胸龟

Apalone spinifera

平胸龟又名鹰嘴龟、大头龟等，分布于中国南部及越南、缅甸、老挝等东南亚国家，栖息于山涧清澈的溪流之中。头部占身体比例非常大，以至于无法缩入壳内，而且头背和头侧被整块角质盾片覆盖，可谓是全副武装。上下腭如鹰嘴般弯曲呈钩状，强壮有力，能够轻易咬碎田螺、虾蟹的甲壳。成体背甲长20厘米左右，呈长卵圆形，极为扁平。背面呈深褐色、黑褐色等。腹甲较小，呈浅黄色、橄榄黄色等。平胸龟还具有龟类中比例最长的尾巴，其长度几乎可与背甲等同。目前其种群数量受盗猎影响十分严重，原本常见的“鹰嘴龟”现在已经踪迹难觅了。

平胸龟

（杜梅里 绘）

3. 泽龟科

欧洲泽龟

Emys orbicularis

欧洲泽龟是一种中小型半水栖龟类，通常背甲长12～20厘米，已知的最大个体背甲长达38厘米。广泛分布于欧洲、西亚及北非部分地区，栖于静水塘或流速缓慢的小溪中，种下可分为多个亚种。背甲和头尾四肢呈墨绿或深橄榄绿色，其上均匀散布黄色的点状或短线状斑纹。欧洲泽龟是一种长寿的龟类，其寿命最长可超过100年，当然，仅有极少的幸运儿能够存活至这样的年纪。

绝大多数龟类都具有坚硬的龟壳，像随身的堡垒一样保护着柔弱的内脏。龟壳的形成可谓是生物演化史上的一大奇迹，它不同于其他任何动物的骨骼结构。龟壳由背甲和腹甲两部分组成，彼此之间以甲桥或韧带相连结。从已有的化石证据上看，背甲是由加宽特化的肋骨、背椎相互连接而成，腹甲的形成先于背甲，但腹甲的起源尚无定论。通常我们所见的“龟壳”实际上是两层结构，内层是骨质的骨板，在骨板的外面还覆有一层角质的盾片。

欧洲泽龟

（费卿格 绘）

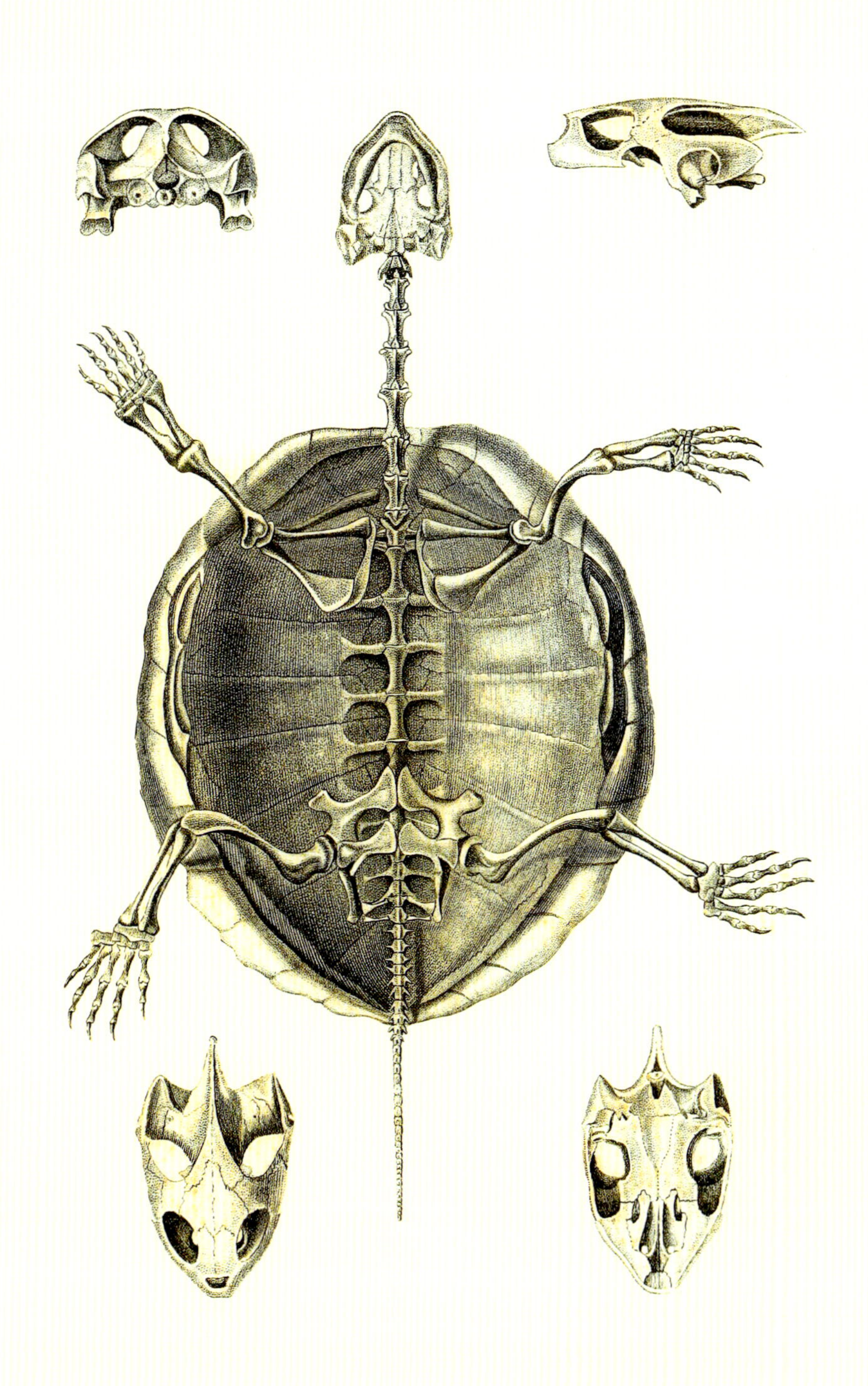

欧洲泽龟 骨骼

（杜梅里 绘）

4. 地龟科

眼斑沼龟

Morenia ocellata

眼斑沼龟是缅甸的特有物种，因在其每枚椎盾和肋盾之上都有一个具浅色边缘的黑色大圆斑，酷似孔雀羽毛上的眼斑，故又得名缅甸孔雀龟。栖息于河流、沼泽、湿地之中，高度适应水栖生活，一生中绝大多数时间在水中度过。由于栖息地被破坏再加上偷猎现象十分严重，这一珍稀龟类现已处在灭绝的边缘。为保护这一物种，眼斑沼龟已被列入《华盛顿公约》（CITES）附录Ⅰ，跨国贸易被严格管控。

眼斑沼龟

（杜梅里 绘）

马来闭壳龟

Cuora amboinensis

马来闭壳龟广泛分布于南亚及东南亚地区，是闭壳龟属中分布最广、数量最多的一种。因其模式产地安汶岛（Ambon Island）的音译为“安步”，故又名安步闭壳龟。马来闭壳龟的背甲与腹甲之间主要以韧带相连，腹甲的胸盾与腹盾之下的骨板也具有活动能力较强的韧带，在受到惊扰时腹甲前后两叶与背甲可完全闭合，使头尾、四肢完全缩入壳内，使捕食者无从下口。可是纵然有如此高超的防御本领，马来闭壳龟同样面临着同东南亚其他龟类一样的生存危机。

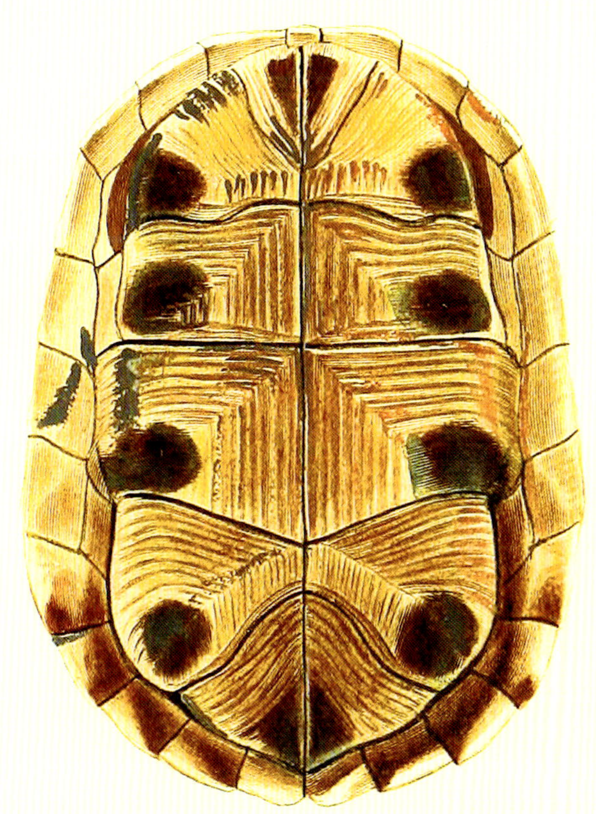

马来闭壳龟

（杜梅里 绘）

潮龟

Batagur baska

潮龟分布于中南半岛诸国及印度、孟加拉等南亚国家，常出没于大型河流、红树林、河口处的潮汐带。它是亚洲体型最大的淡水龟类之一，背甲长可达60厘米，重量可近20千克。虽然个头很大而且样貌凶恶，但它却是温和的素食主义者。潮龟的体色为暗淡的黑灰色，背甲隆起平滑，呈流线型，吻端长而上翘，利于从水下探出头呼吸。雌雄体型差异不大，性别可由虹膜颜色区分，成年雄性虹膜呈亮黄色，雌性则呈深褐色。潮龟原本数量众多，但由于人口的扩张，适于潮龟生存的范围不断缩小，再加上大量的人为猎杀和跨国贸易，现如今已被世界自然保护联盟（IUCN）《濒危物种红色名录》定为极危（CR）等级。

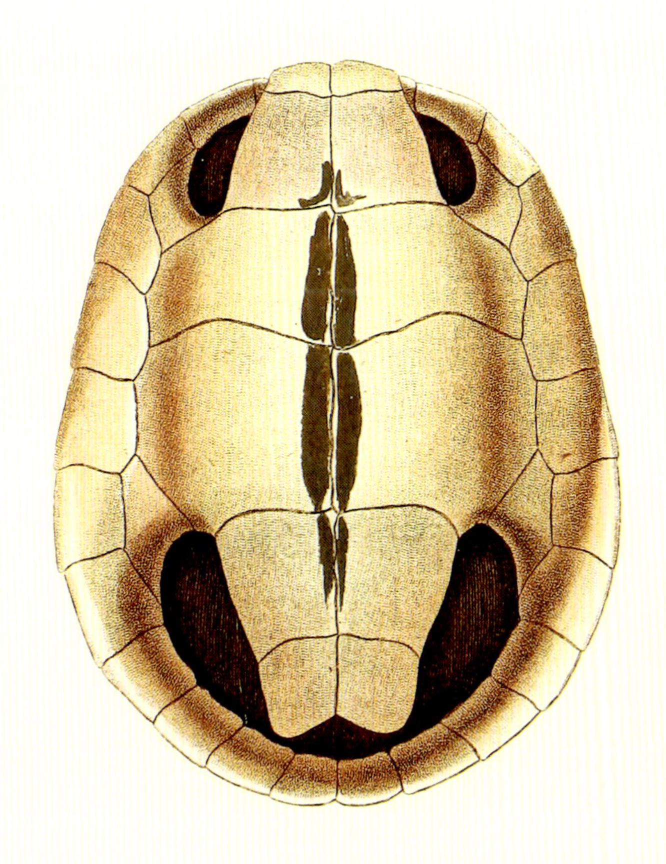

潮龟

（杜梅里 绘）

5. 动胸龟科

密西西比麝香龟

Sternotherus odoratus

密西西比麝香龟分布于加拿大南部及美国东部大部分地区，栖息于流速缓慢的河流、小溪、池塘等环境。密西西比麝香龟是动胸龟科中体型最小的种类之一，一般背甲长不超过10厘米，最大记录也仅有15厘米，重量平均在500克左右。麝香龟虽然名为“麝香”，但实际上它们释放的是难闻的臭味。其背甲边缘有一对腺体，在受到威胁时会分泌出气味刺激的淡黄色液体，捕食者往往会被这呛鼻的气味熏得食欲全无，麝香龟也趁机逃之夭夭。

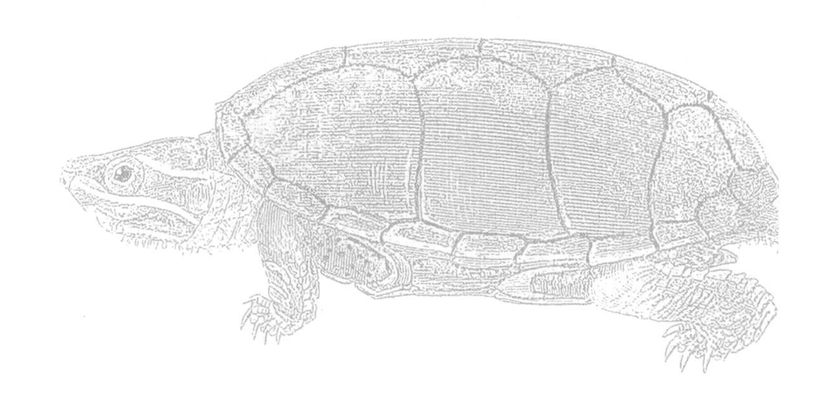

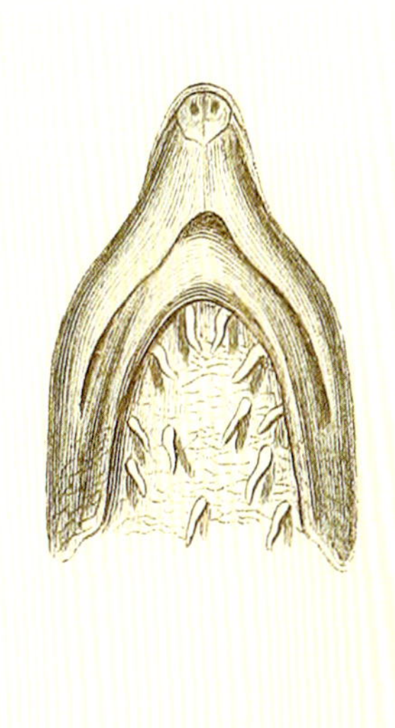

密西西比麝香龟

（杜梅里 绘）

东方动胸龟

Kinosternon subrubrum

东方动胸龟又名头盔动胸龟、头盔泥龟等，种下具有3个亚种，分布于美国东部大部分地区。体色黄褐或深褐，头部具浅黄色虫纹；背甲橄榄色或深棕色，长约8~12厘米，属小型龟类；腹甲黄色或褐色，胸盾、腹盾以及股盾之间具两道韧带，其中腹甲前叶活动能力较强，可与背甲闭合，“动胸龟”之名由此得来。动胸龟属的物种上下腭发达，咬合力惊人，再加上性情暴躁，如果被它咬上一口，一定会留下非常痛苦的回忆。

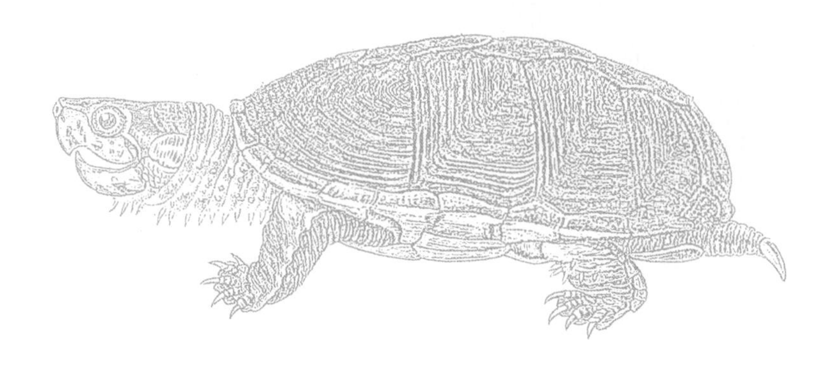

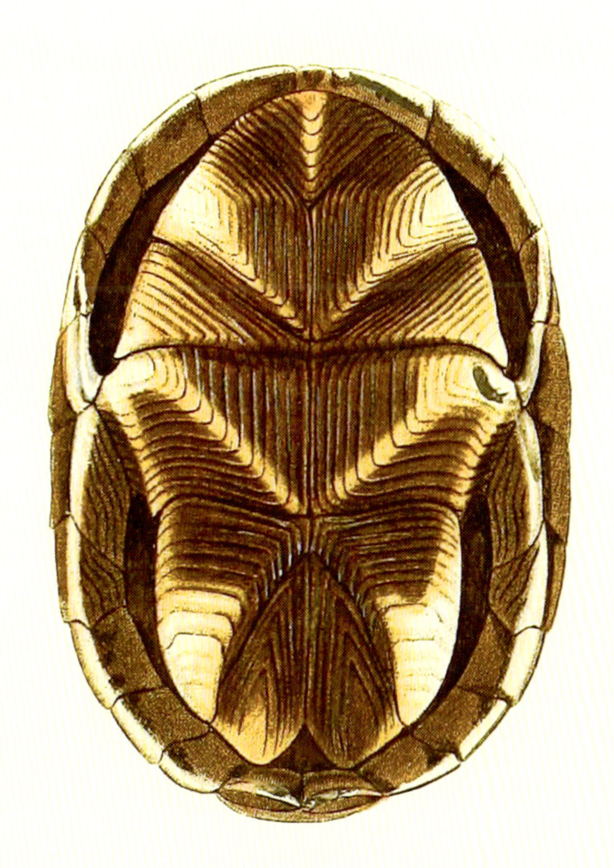

东方动胸龟

（杜梅里 绘）

6. 鳄龟科

蛇鳄龟

Chelydra serpentina

蛇鳄龟又名拟鳄龟、小鳄龟等，从加拿大南部到南美的厄瓜多尔均能见到它们的踪影，尤其在美国分布数量最为众多。蛇鳄龟是北美洲第二大淡水龟类，背甲长约40厘米，重量可达十余千克。在它们的背甲上有三列突出隆起的嵴，尾部也具有嵴状大鳞，再加上暴戾的脾气，确实颇有短吻鳄的神韵。蛇鳄龟生长速度快，适应能力强，现已被我国引进作为肉用经济龟类。需要特别注意的是，一定不要将蛇鳄龟放生到野外，一旦它们成为入侵物种，众多本土物种将面临灭顶之灾。

蛇鳄龟

（杜梅里 绘）

蛇鳄龟

（费卿格 绘）

7. 棱皮龟科

棱皮龟

Dermochelys coriacea

棱皮龟又名革龟，是现存最大的龟类，壳长1~1.5米，重约300~500千克。1988年，英国威尔士郡的海岸边冲上来一具巨大的棱皮龟尸体，其头尾全长2.91米，重量达到了惊人的916千克！棱皮龟分布于太平洋、大西洋和印度洋的热带海域，它们的桨状前肢特别发达，非常适于远洋洄游。虽然长相与海龟相似，但棱皮龟并不属于通常意义上的海龟，它是棱皮龟科中的单属独种，与海龟最大的区别在于，棱皮龟的头、四肢及身体均覆以革质皮肤，而非坚硬的角质盾片，且体内骨骼与壳之间并不相连。棱皮龟虽然分布广泛，但是近年来数量持续下降，尤其西太平洋种群下降最为严重，该种群能够繁殖的个体已经所剩无几。

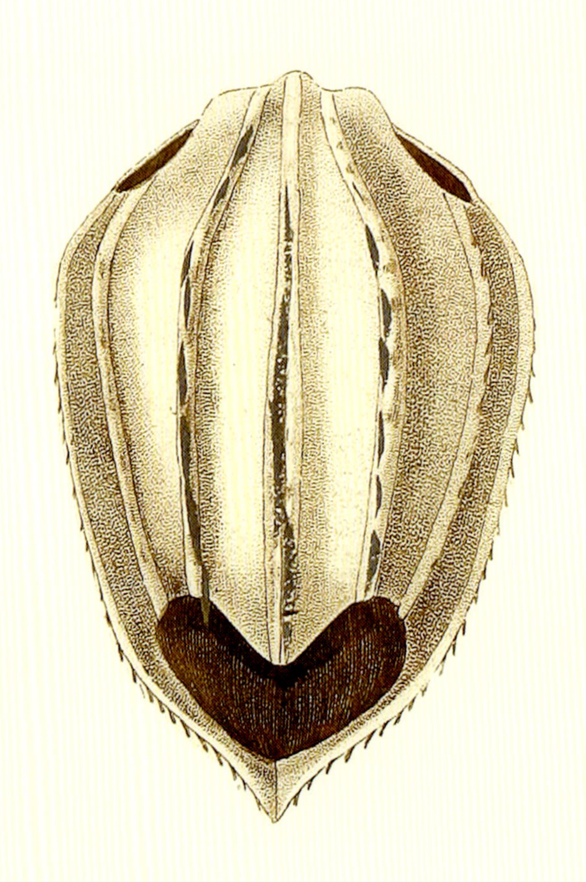

棱皮龟

（杜梅里 绘）

棱皮龟

（费卿格 绘）

8. 海龟科

绿海龟

Chelonia mydas

绿海龟分布范围遍及全世界大多数热带及亚热带海域，属于海龟中体型较大的种类。成体背甲长80~150厘米，重量约70~180千克，目前有记录的最大个体背甲长1.53米，重达395千克。成年绿海龟的体色多呈褐色或橄榄色，初生幼体背面接近黑色，名字中“绿”的由来是因其背甲与内脏之间有一层颜色偏绿的脂肪。绿海龟的食物结构会随年龄增长而逐渐发生变化，幼体时主要摄食动物性食物，如水母、甲壳动物及其他小型无脊椎动物等；亚成体阶段逐渐转为杂食，兼食海藻等；等到了成体之后几乎完全摄食植物类食物。

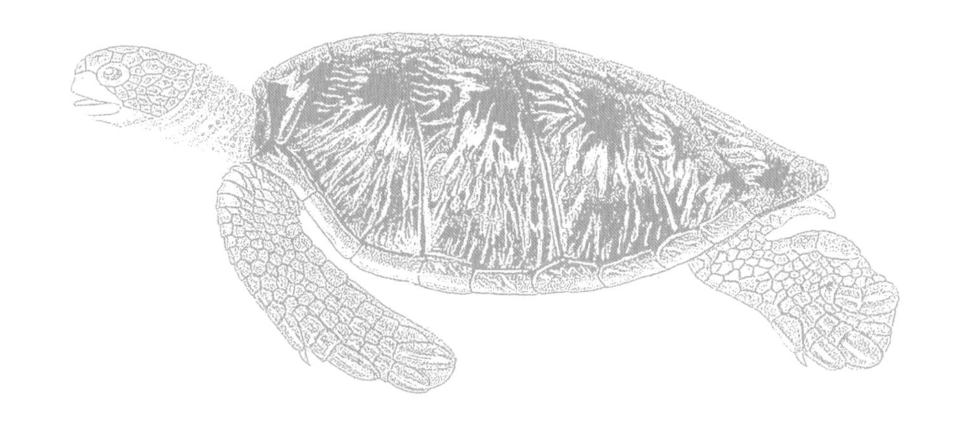

绿海龟

（杜梅里 绘）

绿海龟

（费卿格 绘）

xī
赤蠵龟

Caretta caretta

赤蠵龟又名红海龟，广泛分布于全世界大部分热带及亚热带海域，属海龟科中体型较大的种类。成体背甲长80~150厘米，重量70~200千克，早期记录中的最大个体重量可超过450千克。赤蠵龟背甲多呈棕红色，头尾四肢呈黄褐色，前后肢多具2爪，少数个体具1爪。与另一种较为常见的海龟——绿海龟相比，赤蠵龟更为偏爱动物性食物，常捕食水母、海绵、珊瑚、甲壳动物、腕足类、小型鱼类等，甚至还会捕食刚刚出生的小海龟。

广义上的海龟现存2科、6属、7种，广泛分布于全球热带、亚热带的温暖海域，均高度适应海洋生活，除产卵外几乎终生生活于海洋中。从第29页图中我们可以看出海龟具有很多不同于其他龟类的特点：身形为平滑的流线型；指骨及趾骨伸长，四肢皆呈桨状；骨板间不完全愈合以减轻自重。它们在漫长演化历史上为了适应海洋生活做出了巨大改变，而如今气候变化、海洋污染、产卵地被破坏、人为捕杀等都极大地威胁着海龟的生存，很难想象未来的人们是否还能看到海龟在海洋中畅游。

赤蠵龟

（费卿格 绘）

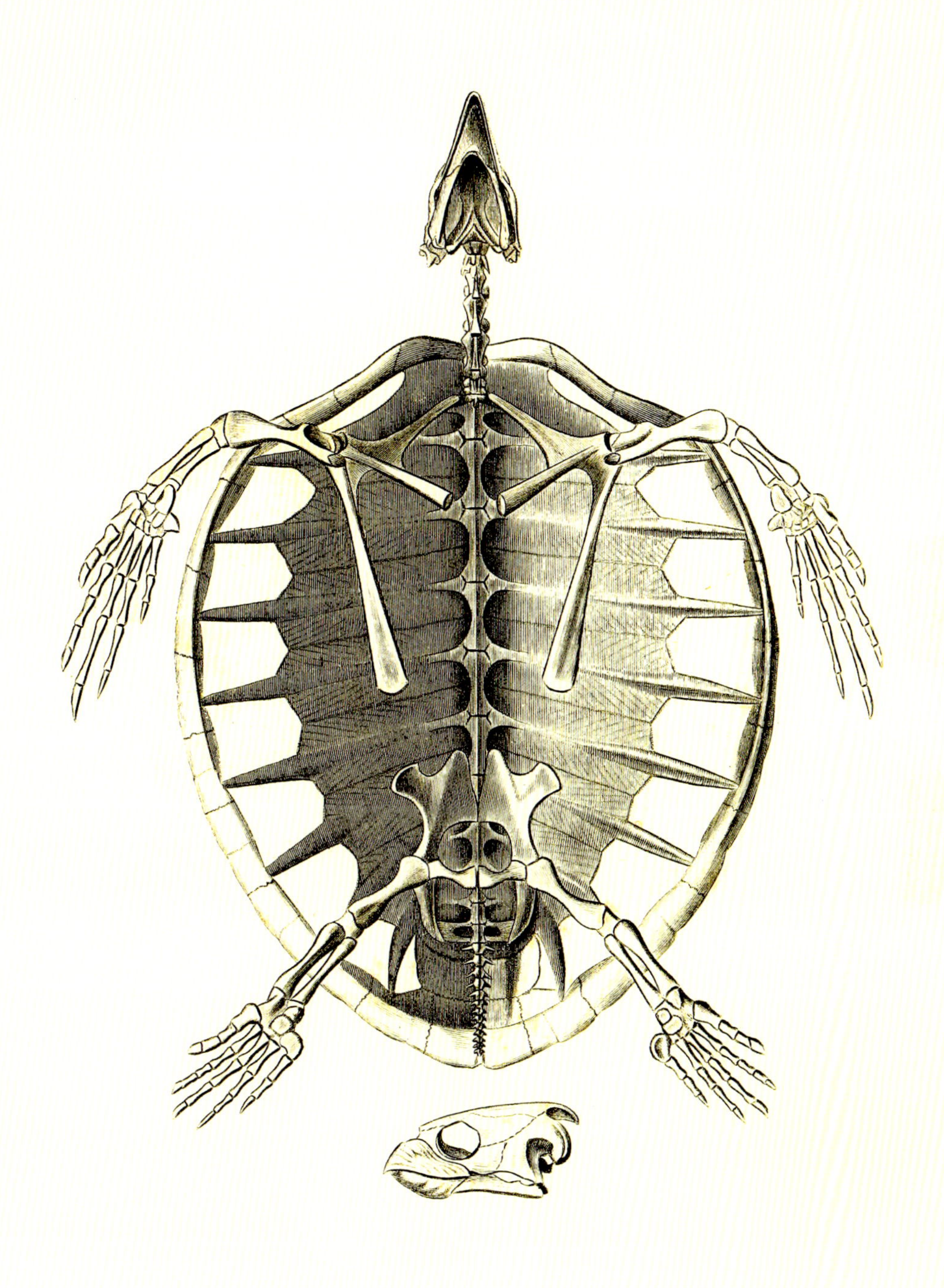

赤蠵龟 骨骼

（杜梅里 绘）

dài

玳瑁

Eretmochelys imbricata

“玳瑁”一词最早写作“瑇（dài）瑁”，属舶来词，可能为周朝时南方百越或南岛语系地区进贡的贡品音译而来。它们广泛分布于世界大多数热带及亚热带海域，成体背甲长约0.8~1米，重量约60~100千克。其上腭前端突出，尖端略向下弯曲，呈鹰嘴状；背甲之上盾片呈覆瓦状排列；后半部分缘盾边缘呈锯齿状。玳瑁背甲上的斑纹非常漂亮，具深浅相杂的云朵状色斑，但也正是这美丽的甲壳给它们惹来杀身之祸。现如今玳瑁的种群数量日益缩小，为保护这一物种，中国已将其列为国家二级野生保护动物。

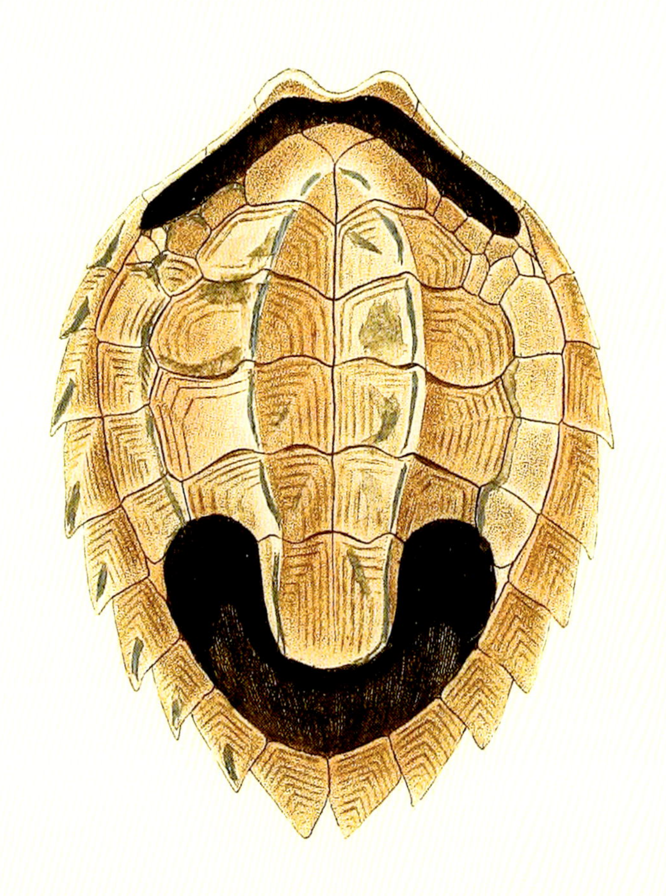

玳瑁

（杜梅里 绘）

玳瑁

（贾卿格 绘）

太平洋丽龟

Lepidochelys olivacea

太平洋丽龟又名橄榄龟，主要分布于太平洋和印度洋的温暖海域。背甲呈灰绿色或橄榄绿色，形状较其他海龟更圆，呈心形，长约60~70厘米，重量约25~45千克，是现存海龟中体型最小的一种。包括海龟在内的很多爬行动物的性别并不是由遗传物质所决定，而是受孵化时所处环境温度的影响，这种现象我们称之为温度依赖型性别决定（TSD）。其原因可能为控制性别的基因会受温度影响被激活或被抑制。就海龟而言，孵化温度在31~32℃之间的个体全部为雌性，28℃及以下全部为雄性，在29~30℃之间则雌雄皆有。

太平洋丽龟

（杜梅里 绘）

9. 陆龟科

欧洲陆龟

Testudo graeca

欧洲陆龟又名希腊陆龟，广泛分布于欧洲南部、北非和亚洲西南部，属体型较小的陆龟种类。背甲长13～20厘米，雌性体型通常大于雄性。栖息地环境多样，从海拔2700米的高山草甸到地中海沿岸的沙地，再到北非的干热荒原，都能见到它们的身影。由于地理分布跨度较大，种下被分为多个亚种，各亚种之间体色、色斑差异很大，背甲颜色多见土黄色、金黄色、黄褐色等，盾片上具大小不等、深浅不一的黑色斑。欧洲陆龟还是一种长寿的龟类，其寿命可逾百年。

欧洲陆龟

（费卿格 绘）

几何星丛龟

Psammobates geometricus

几何星丛龟是南非特有的珍稀龟类，仅分布于南非西开普省的西南部地区。背甲呈黑色，每一枚盾片之上均具黄色的星芒状花纹，这种绚丽的几何形花纹有利于其在南非荒草丛生的干旱地带隐蔽。与大多数陆龟不同的是，几何星丛龟吃起东西来喜欢小口啃食，这种改变看似微小，实则对于荒漠生存来说尤为重要，食物碎屑体积的减小可以大大增加其与肠道内酶的接触面积，从而尽可能多地吸收营养物质。栖息地的严重丧失是几何星丛龟所面临的最大生存威胁，近几十年来的农业开垦和城市扩张已经侵占了几何星丛龟原有栖息地面积的96%以上，据估计，其现存的数量仅有2000～3000只，零散分布于数个保护区之内。为了让这一珍稀特有物种继续繁衍生息，西开普省自然保护局已将几何星丛龟的保护列为其首要任务之一，南非政府也出台了相应的法规对其予以保护。

几何星丛龟

（费卿格 绘）

鹦嘴珍龟

Homopus areolatus

鹦嘴珍龟是体型最小的陆龟种类之一，背甲长仅十余厘米，它们分布于非洲大陆的最南端，是南非共和国的特有物种。它们的栖息环境非常干旱，多灌木及碎石，在一天中最炎热的时候它们会躲在灌木丛下避暑。鹦嘴珍龟的上腭发达，因酷似鹦鹉的喙而得名。由于栖息地破坏和偷猎的缘故，这种珍稀龟类的数量也在不断地减少。

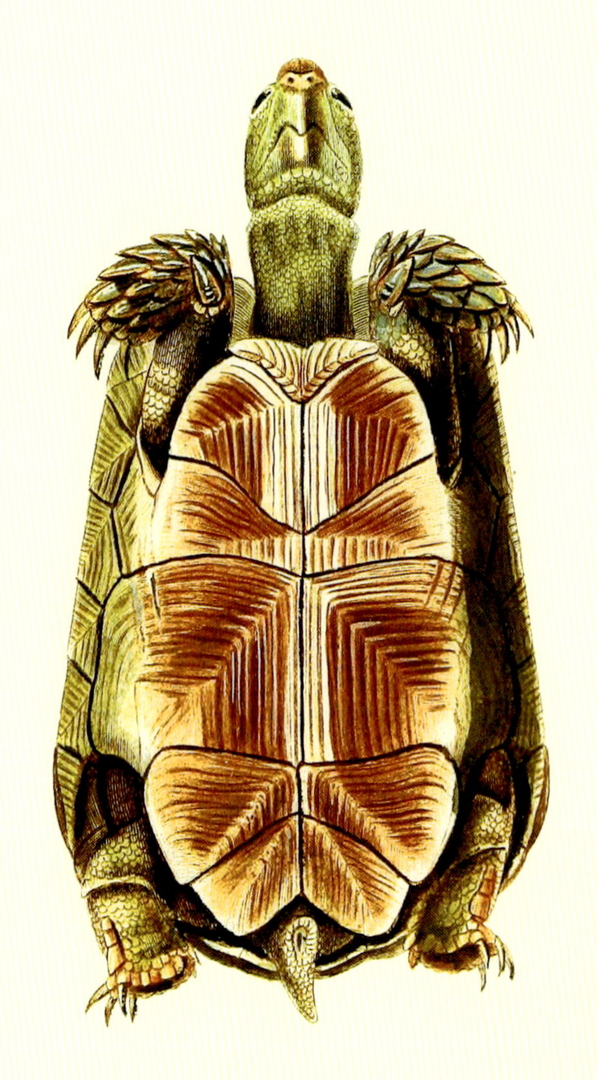

鹦嘴珍龟

（杜梅里 绘）

鹦嘴珍龟

（费卿格 绘）

荷叶折背陆龟

Kinixys homeana

折背陆龟属中共有8个物种，广泛分布于非洲中部及南部地区。它们的形态和行为都堪称是陆龟中的异类，从侧面看折背陆龟的背甲形状非常不规则，这是因为其后肢上方的部分背甲间由韧带相连，受到惊扰时背甲后部闭合，以保护后肢及尾巴，这种防御方式在龟鳖类中可以说是绝无仅有。

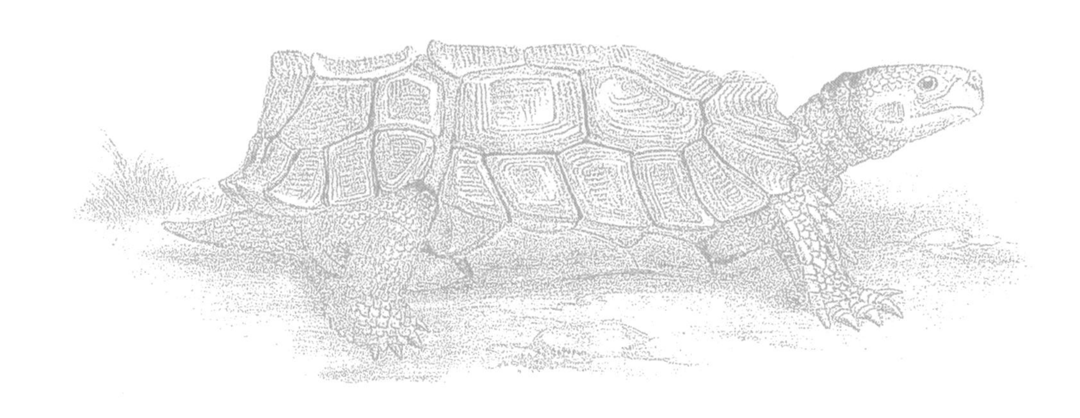

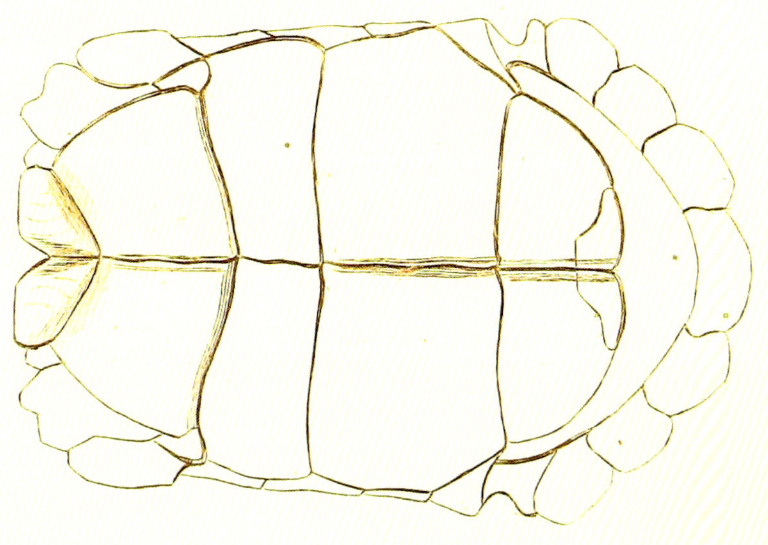

荷叶折背陆龟

（杜梅里 绘）

荷叶折背陆龟

（费卿格 绘）

蛛网陆龟

Pyxis arachnoides

蛛网陆龟是马达加斯加的特有物种，仅分布于该岛西南部沿海地区。蛛网陆龟属小型陆龟，背甲长一般不超过15厘米，呈黑褐色，每一枚盾片上都有黄色放射状几何形花纹，花纹间相互联结酷似蛛网，故因此得名。其种下共有三个亚种，其中有两个亚种腹甲前端具有韧带，喉盾与肱盾相连的一小块骨板可以活动，甚至可以与背甲闭合。

蛛网陆龟

（杜梅里 绘）

蛛网陆龟

（贲卿格 绘）

中非陆龟

Centrochelys sulcata

中非陆龟又名苏卡达陆龟、盾臂陆龟等，其种名 *sulcata* 一词来源于拉丁语，意为“沟、槽”，以形容其具有粗糙大鳞片的前足。成年中非陆龟背甲长可达80厘米以上，重量逾100千克，是世界第三大陆龟。它们分布于埃塞俄比亚、苏丹、乍得、中非共和国、塞内加尔、喀麦隆等国家。中非陆龟的栖息环境炎热干燥，为了躲避阳光的炙烤，它们会用强而有力的前足掘出供其栖身的洞穴，并会在此“夏眠”以度过难捱的旱季。

中非陆龟

（杜梅里 绘）

加拉帕戈斯陆龟

Chelonoidis nigra

加拉帕戈斯陆龟是现存体型最大的陆龟，成体背甲长1.5米以上，重量超过300千克，最大者达417千克，寿命长达150岁以上。这种巨龟分布于厄瓜多尔境内的加拉帕戈斯群岛（Galápagos），“galápago”在西班牙语中的含义便是“陆龟”，可谓是当之无愧的巨龟群岛。非常有趣的是，不同岛屿上的陆龟，形态各有不同，比较明显的差异在于背甲的形态，有的陆龟背甲浑圆，有的则呈马鞍状。科学家推测造成这种形态差异的原因在于栖息环境和食物种类不同。背甲浑圆的陆龟栖息的环境水草丰盈，食物充沛，主要以低矮的植物为食；背甲马鞍状的陆龟栖息于植物贫瘠的火山岛上，以高大的仙人掌为食。人们根据这些形态差异将其划分为不同的亚种，还有的学者认为它们已经分化成了彼此不同的物种。

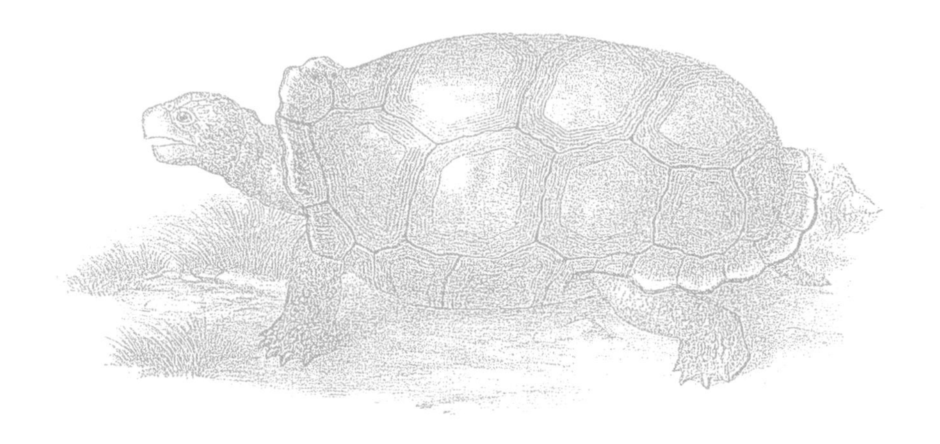

加拉帕戈斯陆龟

（费卿格 绘）

10. 美非侧颈龟科

马格达莱纳侧颈龟

Podocnemis lewyana

与曲颈龟亚目相比，侧颈龟亚目的物种数量、分布范围和分化程度都小得多，总数仅占龟鳖目的三分之一，只分布于南半球的南美洲、澳大利亚和赤道以南的非洲，均生活于淡水环境。它们的颈部无法缩入壳内，只能水平地弯向一侧，将头置于背、腹甲之间。

马格达莱纳侧颈龟极为稀有，仅分布于哥伦比亚马格达莱纳河流域，杜梅里先生最早对它进行了描述，并绘制了精美的科学绘画。可是如今，马格达莱纳侧颈龟的生存状态已岌岌可危。有学者对其种群数量进行了为期10年的监测，统计数据显示这种龟类的种群数量正在以平均每年8.8%的速度锐减，如今的数量仅为10年前的一成，栖息环境也趋于破碎化。灭绝的来临对于这个物种来说似乎只是时间问题了。

马格达莱纳侧颈龟

（杜梅里 绘）

巨型侧颈龟

Podocnemis expansa

巨型侧颈龟堪称侧颈龟中的巨人，成体背甲平均长度达80厘米，最大者近1米，广泛分布于南美洲北部地区，是南美洲最大的淡水龟类。背甲宽阔而扁平，适于在水流平缓的大河中生活。每年10月是亚马逊河水位最低的时候，平日淹没于水下的沙洲此时会完全显露出来。届时，上百的雌龟蜂拥而至，来到每年固定的产卵地点。在休息约两周之后,雌龟开始挖掘深约1米的洞穴，并在其中产下约60~100枚卵。巨型侧颈龟卵的孵化期在45天左右，比很多小型龟类的孵化期还要短，这是由于沙洲暴露出水面的时间通常只有两个多月，卵里的小生命还没出生就要与时间赛跑。

巨型侧颈龟

（杜梅里 绘）

巨型侧颈龟

（费卿格 绘）

盾头龟

Peltocephalus dumerilianus

盾头龟又名亚马逊大头侧颈龟，是盾头龟属中唯一的成员。沿亚马逊河流域分布于哥伦比亚、巴西、委内瑞拉、厄瓜多尔、秘鲁等国家，虽然分布较为广泛但数量非常稀少。其头部极为宽大，头背及头侧具数枚角质盾片，上下腭的角质喙宽且厚实，乍一看与亚洲的平胸龟颇有些神似，但体型可比平胸龟大得多。盾头龟背甲长可达50厘米，重量可逾15千克，可以说相当壮实。盾头龟的属名来源于希腊语“pelte”，意为“具盾甲的头”，种名则是献给本书的绘图者之一，著名两栖爬行动物学家杜梅里先生。

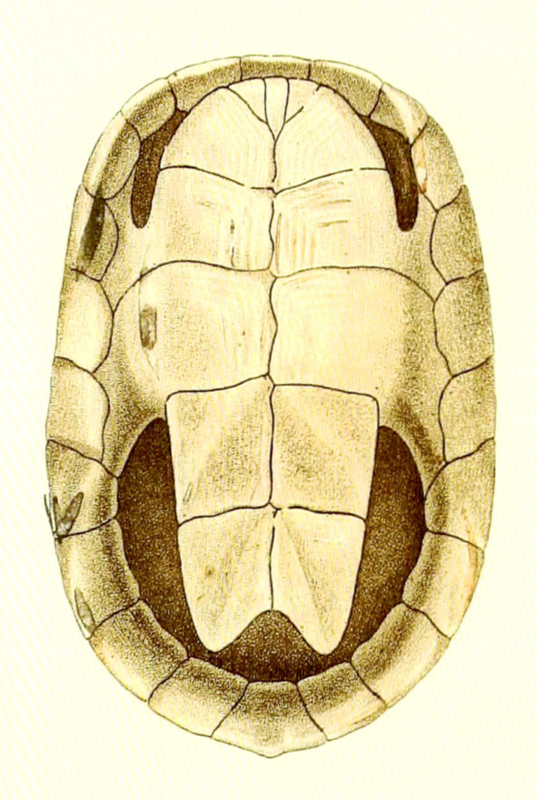

盾头龟

（杜梅里 绘）

盾头龟

（费卿格 绘）

11. 侧颈龟科

枯叶龟

Chelus fimbriata

枯叶龟又名流苏缨龟、玛塔龟等，广泛分布于南美亚马逊河流域地区。枯叶龟可以说得上是长相最怪异的龟类了，它的头部呈三角形，酷似枯叶，吻端长而突出，头颈处生有许多肉质赘生物。背甲可逾45厘米，形状较为扁平，具三列棱起的嵴。凭借出色的伪装，它们善于运用“守株待兔”的方式伏击猎物。枯叶龟常静静伏于腐殖质丰富的静水溪流底部，一旦有猎物从它面前经过时，便会突然张开大口将猎物吸入口中。“玛塔”一词音译自西班牙语“matamata”，意为“杀，杀”。在哥伦比亚的一些部落中，样貌丑陋的妇女会被冠以“玛塔”之名。

枯叶龟

（杜梅里 绘）

枯叶龟

（费卿格 绘）

长颈龟

Chelodina longicollis

长颈龟分布于澳大利亚东部地区，顾名思义，它们有着非同一般的长脖子，头颈总长度可占背甲长的一半以上，灵活的长颈便于在水下搜寻小鱼、小虾及螺类等猎物。长颈龟类的腹甲上有一枚扩大的六边形喉间盾，且通常不位于腹甲前缘，凭这一特征可以很容易将它与其他侧颈龟类相区别。

长颈龟

（杜梅里 绘）

长颈龟

（费卿格 绘）

西非侧颈龟

Pelusios castaneus

西非侧颈龟分布于西非沿海地区及中非部分地区，自塞内加尔东部至刚果民主共和国均有分布。体色因栖息环境不同略有差异。多数个体体色呈深褐色；栖于雨林环境的体色较深，呈黑棕色；栖于草原环境的体色较浅，呈灰褐色。它们的个头在非洲侧颈龟属当中属于中等大小，背甲长度通常在20厘米以上，最大纪录接近30厘米。西非侧颈龟的胸盾与腹盾间生有韧带，当遇到危险时，它会迅速将头尾、四肢缩入壳中，并将腹甲前端的骨板向背甲合拢，形成全方位的保护。如果捕食者还不死心，它还会从腋下和鼠蹊部释放出具有难闻气温的液体，以驱散捕食者。

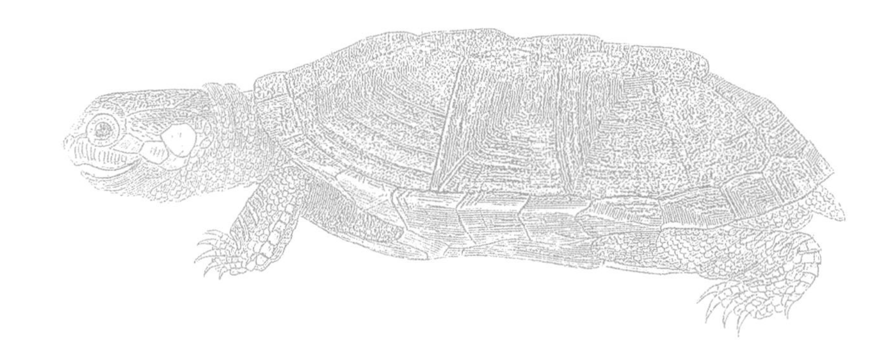

西非侧颈龟

（杜梅里 绘）

沼泽侧颈龟

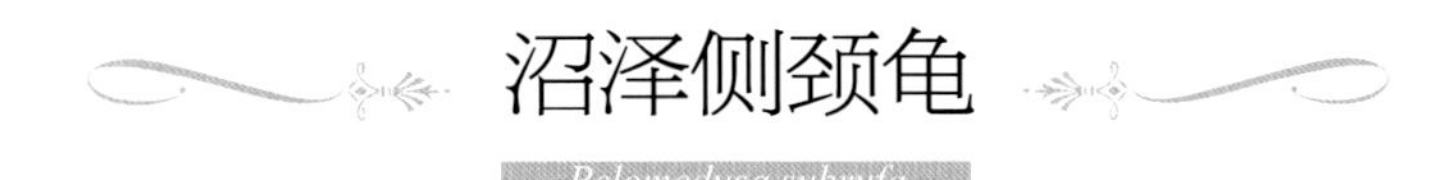

Pelomedusa subrufa

沼泽侧颈龟原先被认为广泛分布于撒哈拉沙漠以南的非洲大部分地区，但是最近有研究显示，该种内实际包含许多隐存种，即形态非常相似，但在遗传信息上有差异的物种。狭义的沼泽侧颈龟目前被认为仅分布于非洲大陆南部地区，以及马达加斯加岛。沼泽侧颈龟属小型龟类，背甲长度一般不会超过15厘米，已知最大记录为19.7厘米。它们的食谱花样繁多，无论小鱼小虾还是水生植物通通来者不拒，甚至还会袭击比自身体型大的鸟类和哺乳动物，并将其拖入水中溺死，而后大快朵颐。

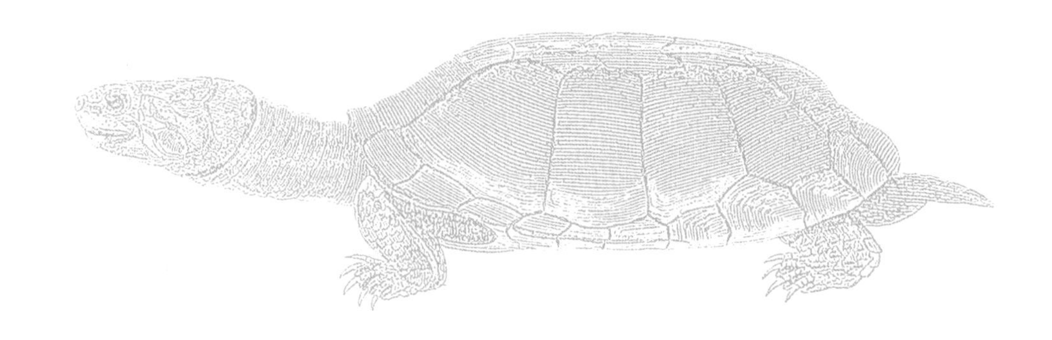

沼泽侧颈龟

（杜梅里 绘）

二 鳄形目

1. 短吻鳄科

密西西比短吻鳄

Alligator mississippiensis

密西西比短吻鳄主要分布于美国东南部，全长2.5～3.5米，最大记录近 5 米，是北美洲体型最大的爬行动物之一。

鳄类现存约有24种，可分为长吻鳄类、真鳄类和短吻鳄类三大类群。长吻鳄类仅存恒河鳄（*Gavialis gangeticus*）一种，吻极细长，上下颌完全闭合时可见尖细的牙齿上下紧密交错，分布于南亚。真鳄类约有15种，吻部尖长，上下颌完全闭合时交错的上下牙齿外露，于新、旧大陆均有分布。短吻鳄类约8种，吻较宽钝，上下颌完全闭合时仅可见上齿外露，主要分布于新大陆，于旧大陆仅有一种，为我国的国宝——扬子鳄（*Alligator sinensis*）。

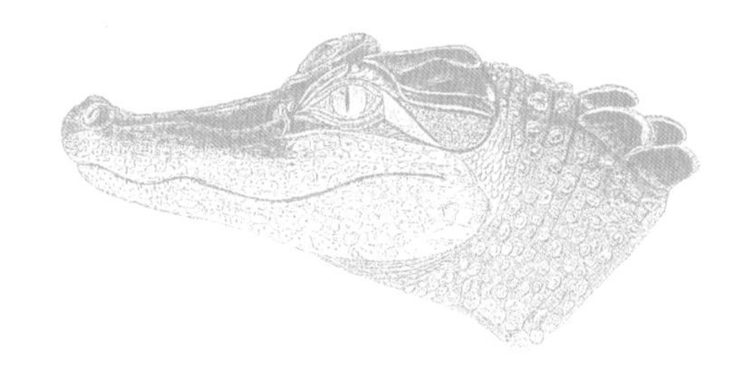

密西西比短吻鳄

（费卿格 绘）

密西西比短吻鳄 幼体

（杜梅里 绘）

中美凯门鳄

Caiman crocodilus

中美凯门鳄广泛分布于中美及南美诸国，全长1.2～2米，属鳄鱼中体型较小的种类，栖息于湿地及河流等生境，幼体主要捕食节肢动物、甲壳动物、软体动物、鱼类等，成体还会捕食两栖动物、爬行动物、鸟类及小型哺乳动物。中美凯门鳄的体色会随温度的不同发生变化，天气炎热时体色呈较浅的灰绿色，而在寒冷的天气条件下，皮肤内的黑色素细胞会显著扩大，使它们的体色加深，有利于吸收热量。

中美凯门鳄

（费卿格 绘）

2. 真鳄科

尼罗鳄

尼罗鳄是非洲大陆体型最大的爬行动物，也是世界体型第二大鳄鱼，全长3～5米，重量超过半吨，其分布几乎遍及撒哈拉沙漠以南的非洲大部分地区。尼罗鳄是极其危险的狩猎者，小到鹭鸟，大到羚羊、角马都是它们的捕食对象。它们善于隐于水下伏击到水边喝水的动物，先悄悄接近而后猛然出击，将猎物拖入水中，待其溺死后分而食之，其强大的咬合力可超过1吨，能够咬碎大型动物的骨骼。在非洲，每年有上百人因尼罗鳄袭击而丧生。在尼罗鳄的世界中还存在着严格的等级制度，体型最大、年龄最长的雄性占据食物资源最多的河段及日照最佳的沙地，倘若有少不经事的毛头小子敢贸然闯入，轻则负伤败走，重则付出生命的代价。

尼罗鳄

（贵卿格 绘）

马来切喙鳄

Tomistoma schlegelii

马来切喙鳄又名马来食鱼鳄、马来鳄，现分布于马来西亚、印度尼西亚等东南亚热带国家和地区。它们全长3~5米，属大型鳄鱼，其吻纤狭而长，满口尖牙利齿。过去人们通常认为其主要以鱼类等小型脊椎动物为食，但现有证据显示，成体也会捕食水鸟、猴子、鹿等体型较大的猎物，而且有一例食人记录。在历史上，马来切喙鳄的踪迹可延伸至中国南部。早在东汉末年，杨孚所著《广州异物志》中即记有“鳄鱼长者一丈余，有四足，喙长七尺，齿甚利，虎及鹿渡水，鳄击之皆断。喙去齿，旬日更生。”这里的“鳄鱼”所指即为马来切喙鳄。此外，20世纪六七十年代在广东顺德曾出土一具宋代马来切喙鳄尸骨，全长达惊人的 7.5 米，恐为本种的最大个体记录。

马来切喙鳄

（费卿格 绘）

三 有鳞目

蜥蜴亚目

1. 藁(gǎo)趾虎科

米氏厚尾虎

Underwoodisaurus milii

壁虎是蜥蜴亚目壁虎下目内成员的统称，其指、趾形态具有非常重要的分类学意义，是界定科以及属的重要标准。大部分树栖壁虎种类的指、趾末端具有扁平扩大的足垫，在其之上横向长满了刷子样的褶，这些褶由数以万计的微绒毛构成，这种纳米级的结构使得壁虎脚掌与物体表面分子间接触面积呈指数式增长，分子间作用力也随之增大，故能攀附于光滑物体表面。而地栖的壁虎种类，如第80页图中所示的米氏厚尾虎，它们四肢相对较长，爪小而尖利，适于地面活动及挖洞穴居，指、趾腹面无足垫及皱褶，亦无微绒毛，故缺乏在垂直平面上攀爬的能力。

米氏厚尾虎

（杜梅里 绘）

2. 壁虎科

刺虎

Ailuronyx seychellensis

刺虎仅分布于西印度洋上的塞舌尔群岛，全长约二十余厘米，属中型壁虎。其体背的粒鳞呈锥状，排列非常紧密。刺虎主要营树栖生活，除捕食一些小型无脊椎动物外还会舔舐植物的花粉花蜜，是当地非常重要的传粉动物。

刺虎

（杜梅里 绘）

zhě

褶虎

Ptychozoon kuhli

褶虎全长约15～20厘米，栖息于东南亚的热带雨林之中。雨林环境危机四伏，为了更有效地在树林间穿行以及规避敌害，它们掌握了短距离滑翔的本领。褶虎的指、趾间长有发达的蹼，头侧、四肢、体侧及尾部也生有发达的皮褶。这些特化的皮褶不仅可以在滑翔的过程中产生更多向上的空气阻力，还使它们看起来更像是一片树皮，从而瞒过捕食者的眼睛。

第84页图中右下的线描图主要描绘的是褶虎泄殖孔前一列排成倒“V”字形的肛前孔。肛前孔是肛前腺的开口，是雄性壁虎特有的器官，它的数量及排列形态有着重要的分类学意义。

褶虎

（费卿格 绘）

线纹平尾虎

Uroplatus lineatus

线纹平尾虎分布于马达加斯加东北部地区，常出没于竹林之中。体色呈黄褐色，自吻端至尾部具数道细密的深色纵线纹，看起来与竹子的纹路别无二致。平尾虎属中的其他物种也个个擅长伪装绝技，它们中有些种类形似枯叶，有些种类好似全身布满苔藓地衣，还有些种类的尾巴甚至模仿出了叶子边缘的缺刻。凭借如此高超的伪装技术，它们可以轻松地与所处环境融为一体。

线纹平尾虎

（杜梅里 绘）

线纹平尾虎

（费卿格 绘）

3. 鳞脚蜥科

鳝蜥

Delma sp.

鳝蜥属隶属于鳞脚蜥科，是澳大利亚的特有属，目前已知约20余种，其分布范围几乎遍及澳大利亚大陆。它们的样貌似蛇，但在泄殖腔两侧具有一对扁平的鳞脚，头侧也具有一对明显的外耳孔。平时栖于落叶层下或松散的砂土中，捕食各种小型无脊椎动物。

鳝蜥

（杜梅里 绘）

鳝蜥

（费卿格 绘）

4. 石龙子科

金氏胎生蜥

Egernia kingii

爬行动物的生殖方式主要可分为两种类型。一种是我们所熟知的卵生，卵子在雌体输卵管与交配后进入的精子相遇，发生受精作用。受精卵发育到一定程度后逐渐向输卵管后端移动，并接受分泌的卵壳物质，待形成卵壳后产出。另一种生殖方式被称为卵胎生，卵胎生是介于卵生与胎生之间的一种类型，即卵在体内孵化，直接产下具卵膜包覆的仔蜥，它既不像卵生那样胚胎在母体外独立发育，又不像胎生与母体有营养上的联系。其有利之处体现为母体对发育中的胚胎起到保护作用，且新生的幼体不需要母体照顾，一出生便拥有独立生存的能力。这种分布于澳大利亚的金氏胎生蜥，虽然名字中带有“胎生”二字，但它和大多数种类的石龙子一样，营卵胎生的生殖方式。

金氏胎生蜥

（贲卿格 绘）

蓝舌柔蜥

Tiliqua scincoides

蓝舌柔蜥又名蓝舌石龙子，是分布于澳大利亚及印度尼西亚的一种大型石龙子，种下具多个亚种，各个亚种间体色、色斑有些许差异，共同特征是都具有一条亮蓝色的长舌。蓝舌柔蜥四肢短小，行动迟缓，易受到捕食者的威胁，不过它们自有保命的高招，那就是吐出蓝色的长舌虚张声势，很多捕食者会因此放弃眼前这顿唾手可得的美餐。但倘若遇上经验老到的捕食者，蓝舌柔蜥也就黔驴技穷了。

蓝舌柔蜥

（费卿格 绘）

翠蜥

Lamprolepis smaragdina

翠蜥分布于菲律宾、印度尼西亚、巴布亚新几内亚及南太平洋诸岛国。20世纪初曾有外国学者在中国台湾地区收购到一条翠蜥标本，但现在学界已普遍认为该种在台湾的分布为误记。翠蜥全长25厘米左右，尾长约为头体长的1.5倍，头吻呈楔形，背鳞光滑无棱，通体翠绿色，部分个体体尾后段具红褐色或散有黑色杂斑。营树栖生活，几乎从不下至地面，即使产卵也产于树洞中或粘附于植物体上，以各种小型无脊椎动物为食。

翠蜥

（费卿格 绘）

沙鱼蜥

Scincus scincus

沙鱼蜥是地球上最适应沙漠生存的爬行动物种类之一，分布于北非和亚洲西南部酷热干旱的沙漠中。顾名思义，沙鱼蜥有在松软细沙下潜行的非凡能力，这样不仅可免受烈日的炙烤，还是非常高效的逃生手段。沙鱼蜥选择生存于沙漠，沙漠也造就了沙鱼蜥现在的模样。它们铲状的头吻用于顶开沙土，流线型的躯体和光滑无棱的鳞片可减少阻力，短小而有力的四肢提供强大的推进力，较小的眼和极小的外耳孔可防沙子进入体内 。

沙鱼蜥

（费卿格 绘）

 三棱蜥 

Tribolonotus novaeguineae

三棱蜥分布于印度尼西亚和巴布亚新几内亚，栖于凉爽湿润的高山雨林之中，常于晨昏活动，其余时间隐匿于岩缝中或落叶层下。三棱蜥的头部极富棱角，自头颈后至尾末有三纵列强烈突起的棱鳞，怪异的样貌好似穿越自史前世界。

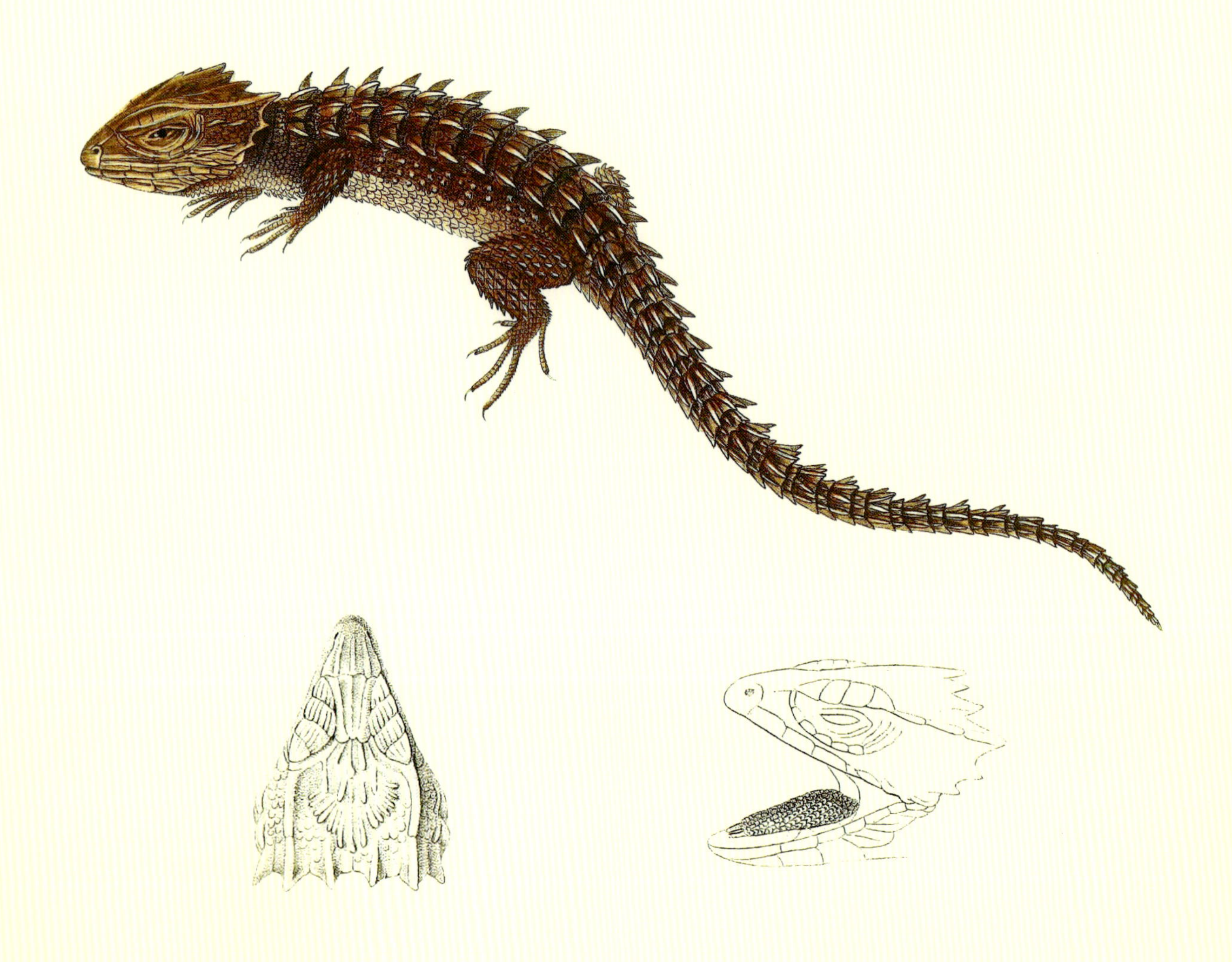

三棱蜥

（杜梅里 绘）

三棱蜥

（费卿格 绘）

点斑箭蜥

Acontias meleagris

很多人见到第103页图中生物的第一反应是觉得这是一种蛇类。通常，蛇类独特的体型会给人留下十分深刻的印象。但实际上，许多种类的蜥蜴也是不具有四肢的，例如图中这种分布于南非的点斑箭蜥。那么该如何区分蛇类与这些无足的蜥蜴呢？首先，蜥蜴具有可闭合的眼睑（绝大部分壁虎除外），而蛇类的眼睑已愈合为一片透明的鳞片覆于眼上。其次，蜥蜴一般会具有裸露的外耳孔和鼓膜，蛇类则没有外耳和中耳，仅存有耳柱骨及内耳。从骨骼上看，无足的蜥蜴还存有肢带的残迹，而蛇类的肢带已完全消失，仅蟒蚺类等原始蛇类还存有刺激交配的微小残肢。

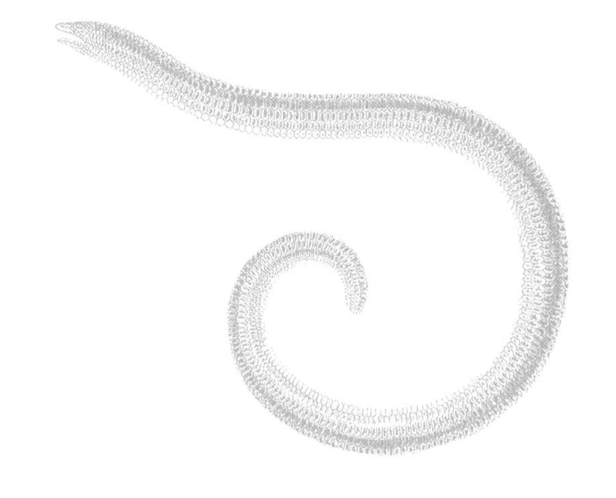

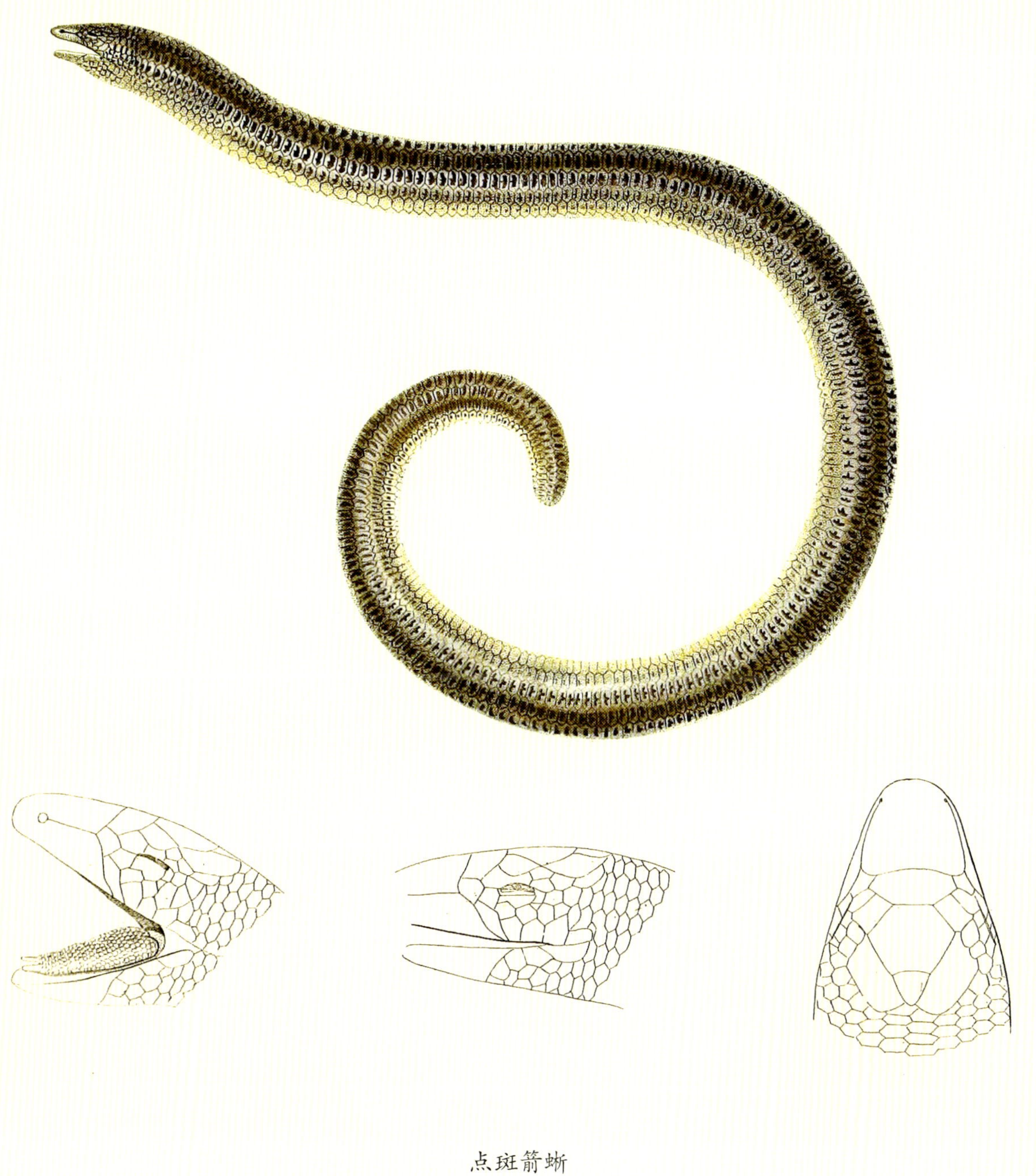

点斑箭蜥

（杜梅里 绘）

5. 板蜥科

马达加斯加盾甲蜥

Zonosaurus madagascariensis

马达加斯加盾甲蜥分布于马达加斯加岛及周边岛屿，常出没于森林和灌丛。全长30厘米左右，体色黄褐色，有一对浅黄色纹自眼上方沿体背纵达尾基部。它们体背的鳞片呈方形，鳞片间呈紧密的平铺镶嵌排列，在分类上隶属于板蜥科。

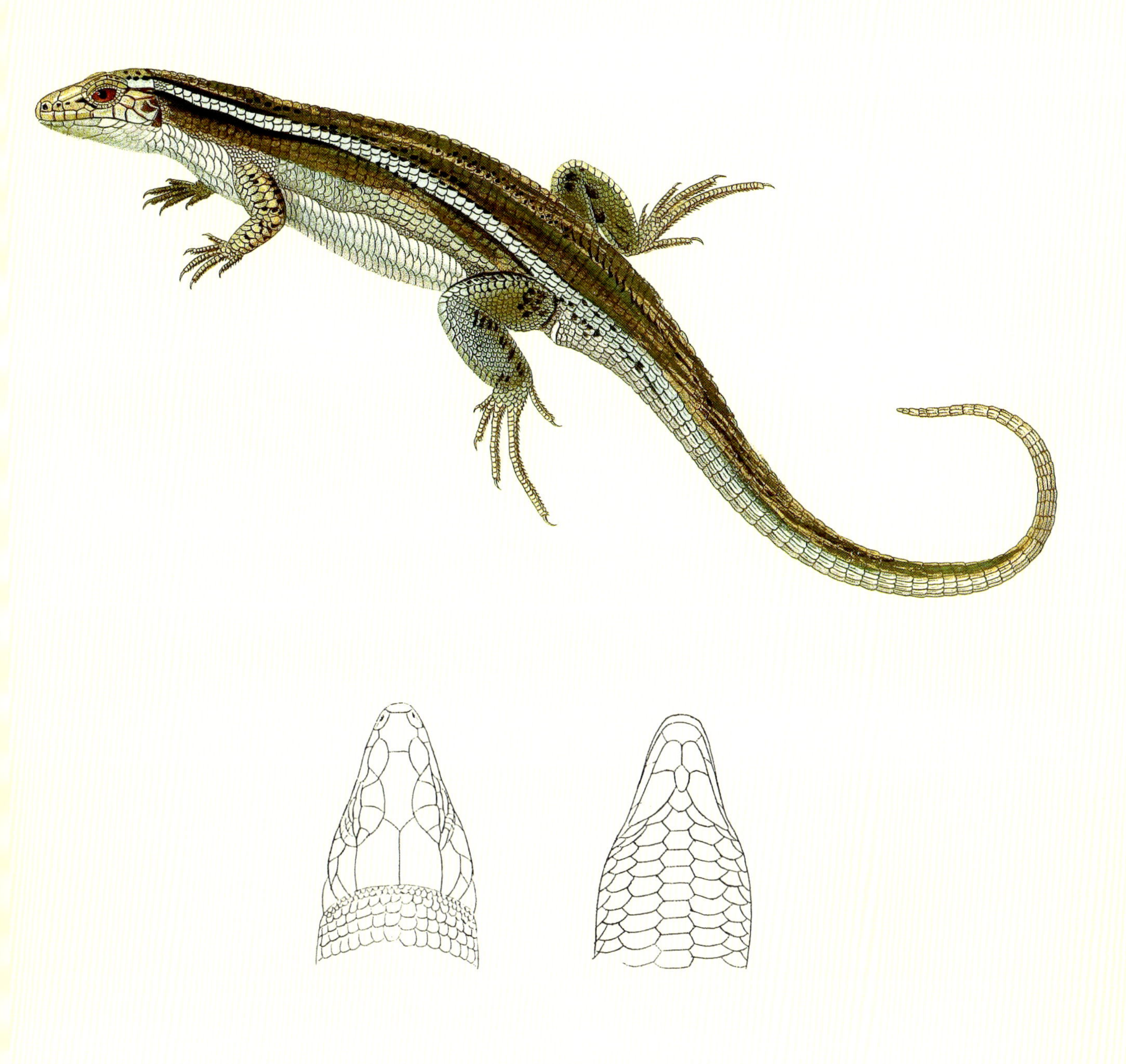

马达加斯加盾甲蜥

（杜梅里 绘）

马达加斯加盾甲蜥

（费卿格 绘）

6. 蜥蜴科

德氏平蜥

德氏平蜥分布于非洲东南部，是一种身形细长的小型蜥蜴，全长约20～30厘米，其中尾巴的长度可达头体长的两倍以上。尾巴对于蜥蜴的生存尤为重要，尾巴是重要的平衡器官，同时也具备储能的功能，在生存受到威胁时有些种类还会“自截”尾巴分散捕食者的注意力。在争夺配偶权的斗争中，那些尾巴残缺的蜥蜴往往不会受到异性的青睐。

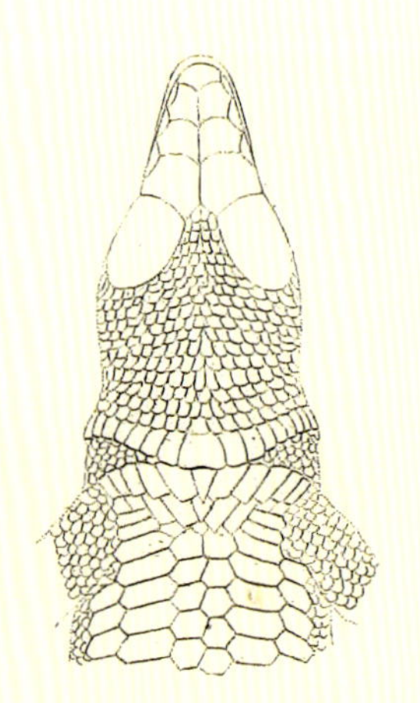

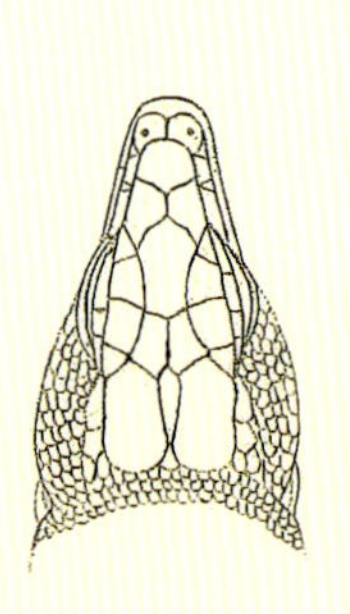

德氏平蜥

（杜梅里 绘）

秀丽睑窗蜥

Ophisops elegans

秀丽睑窗蜥分布于中亚、东欧、北非及南亚部分地区，是一种适应干旱环境的小型蜥蜴。成体全长约10厘米，身形纤细，眼睛又大又圆，水汪汪的样子着实可爱。睑窗蜥最大的特点在于其下眼睑中央有一块椭圆形的透明无鳞区，称为睑窗。睑窗的作用在于，即使在眼睑闭合的条件下也能通过睑窗感知光线强弱，有利于对外界变化迅速作出反应。这种特殊构造并非睑窗蜥所特有，石龙子科的很多物种也具有睑窗结构。

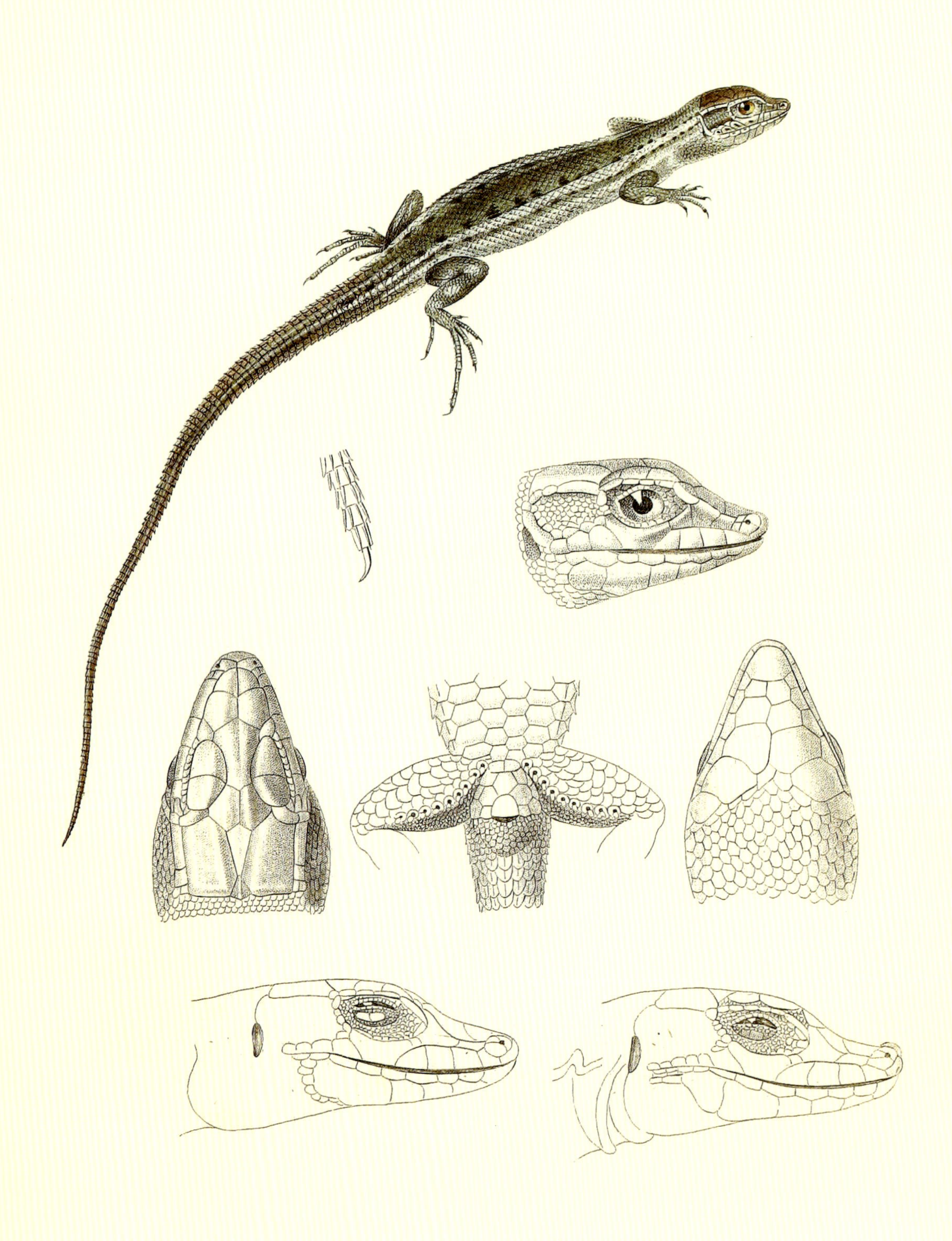

秀丽睑窗蜥

（杜梅里 绘）

蓝斑蜥

Timon lepidus

蓝斑蜥主要分布于欧洲西南部，全长30~60厘米，最大可达90厘米，重约0.5千克，是欧洲体型最大的蜥蜴之一。体色通常呈草绿色，体尾背面具黑褐色网状斑纹，雄性体侧缀有蓝色圆斑。蓝斑蜥体格健壮，行动机敏，常活动于较干旱的灌木林地或伏于岩石，也见攀援于树木之上。主要捕食大型昆虫、小型蜥蜴、蛙类等，偶见取食果实等植物性食物。

蓝斑蜥

（费卿格 绘）

liè

7. 鬣蜥科

大耳沙蜥

Phrynocephalus mystaceus

大耳沙蜥是沙蜥属中体型最大的一种，全长可达15厘米。主要分布于中亚、东欧及我国新疆西北部地区，属于典型的荒漠物种。它最引人瞩目的特征是其嘴角生有耳状皮褶，在受惊或发怒时，它们会张开大嘴，撑开皮褶，露出内面粉红色的皮肤，还时不时发出“嗤嗤”的叫声，显露出一副穷凶极恶的嘴脸。如此虚张声势，只为吓退入侵者或捕食者。如果对手不为所动，大耳沙蜥则还有一招，它们会急速扭动躯体将自己埋入沙土之中。倘若这一招仍不奏效的话，就干脆三十六计走为上，扭头狂奔逃命去吧！

大耳沙蜥

（杜梅里 绘）

大耳沙蜥

（费卿格 绘）

飞蜥

Draco sp.

飞蜥属目前已知四十余种，栖息于亚洲热带、亚热带地区的树冠层，其属名 *Draco* 源自西方神话中“飞龙”一词。飞蜥以能“飞”而闻名于世，但确切地说应该称为滑翔。它们的体两侧各有由5 ~ 7根延长的肋骨所支持的翼膜，当规避敌害或为快速迁移时，它们会爬至树梢，张开翼膜，一跃而下，细长的尾巴在空中起到舵的作用，可用来调整方向，其最远滑翔距离可逾百米。

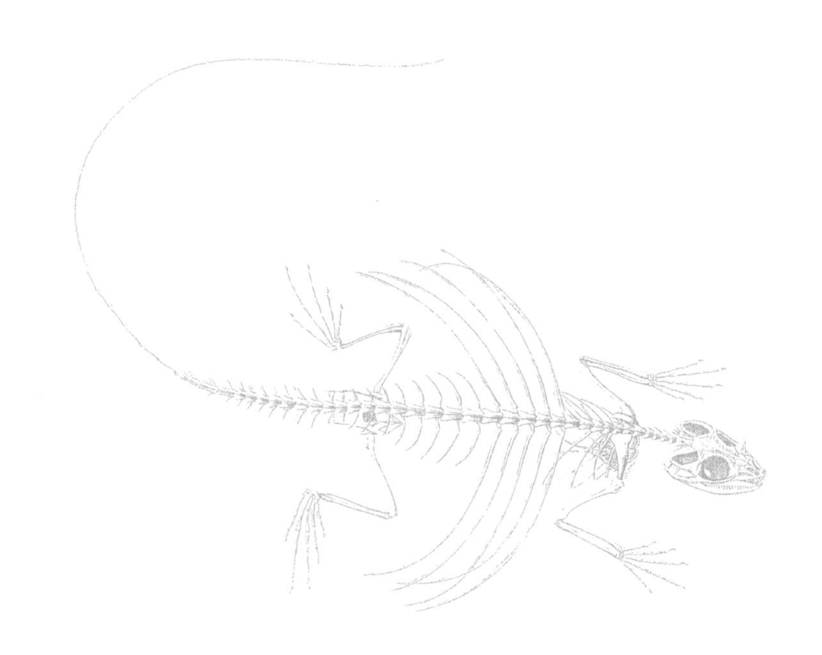

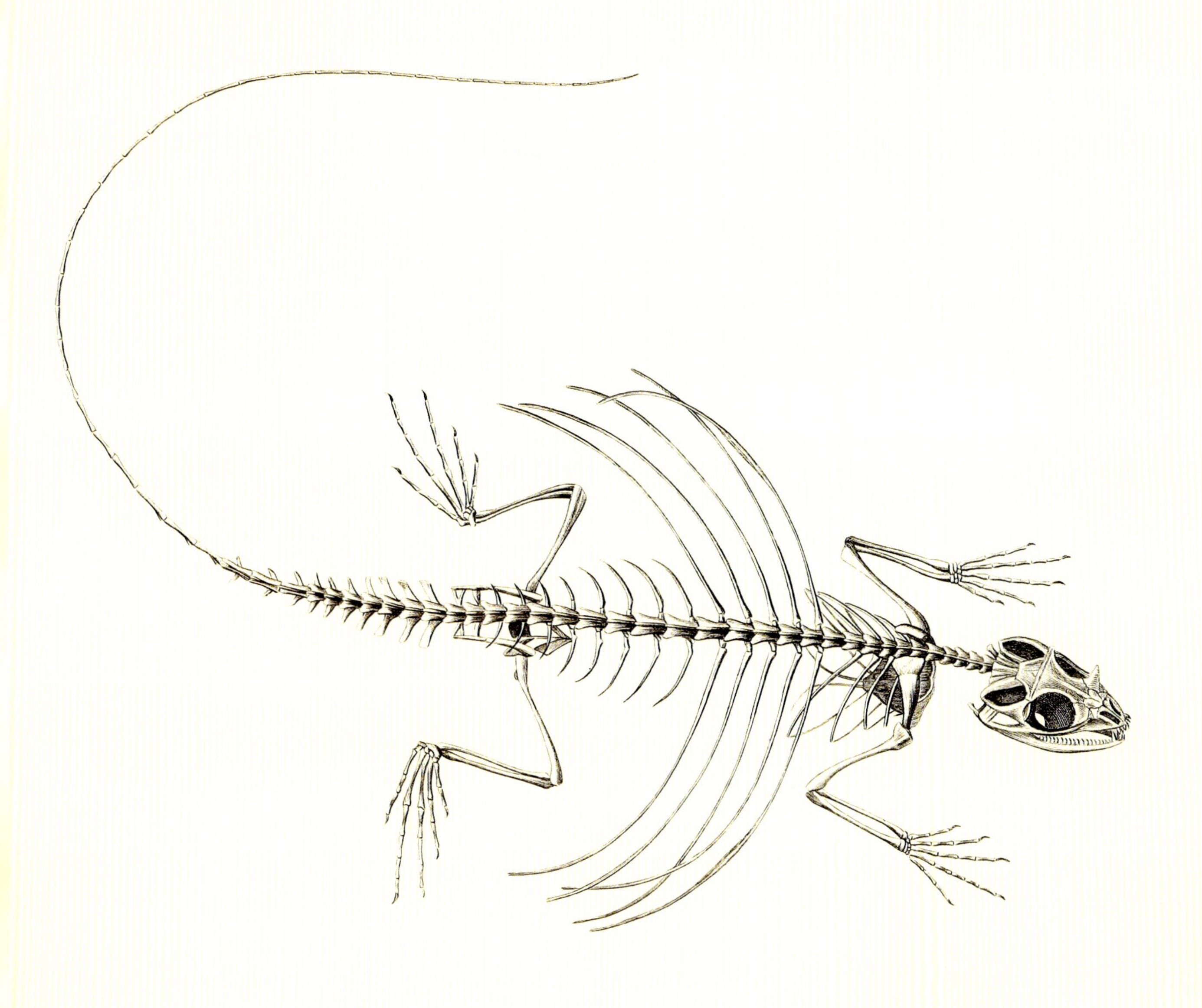

飞蜥 骨骼

（杜梅里 绘）

英雄蜥

Sitan sp.

英雄蜥属的物种分布于印度、尼泊尔、斯里兰卡等南亚国家。该属最大的特点是雄性具有尺寸极为夸张的喉褶，当繁殖期到来或入侵者来犯时，它们会站在高地，抬起前肢，骄傲地炫耀它那旗帜一般的喉褶。喉褶的颜色与形态是区别英雄蜥属各种的重要鉴别特征。从颜色上看，有的种类喉褶呈纯白色，有的则是绚丽的蓝黑红三色相间，还有的颜色介于前两者之间。从形态上看，有的种类喉褶边缘平滑，有的边缘则呈锯齿状。起初，人们认为这些差异是由分布差异而造成的地理色型或地理亚种，但近年来通过更为深入的研究和借助分子生物学手段，学界已将它们划分为十余个不同的物种。

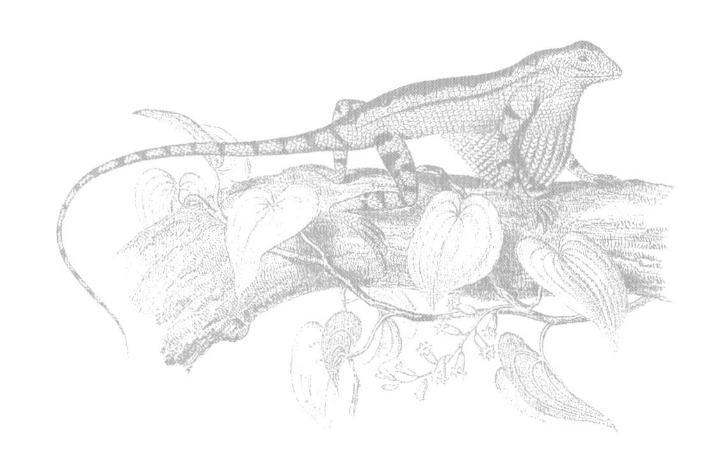

英雄蜥

（费卿格 绘）

琴首蜥

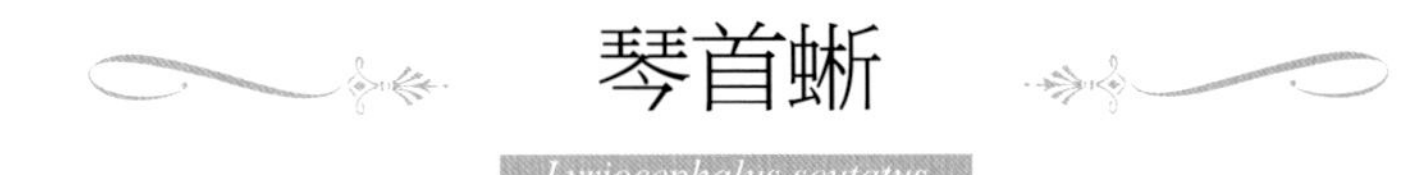

Lyriocephalus scutatus

琴首蜥全长可达60厘米以上，是斯里兰卡体型最大的鬣蜥，亦是该国的特有物种。鬣蜥科中的很多种类会随温度、生理状态等因素改变体色，琴首蜥也不例外。雄性通常体色翠绿色，喉褶呈金黄色，繁殖期时腹部还会展现为鲜艳的天蓝色，颈鬣高高突起，吻端具一个球状突起，看起来就像一个滑稽的大鼻子。相比之下雌性的体色就暗淡许多，吻端的球状突起也小了不少。吻棱在鼻、眼之间的位置向上拱起，呈圆弧形，并在头顶最高处延伸出一对小角，算得上一种样貌奇异的蜥蜴种类。

琴首蜥

（费卿格 绘）

普通树蜥

Calotes calotes

普通树蜥分布于印度南部及斯里兰卡，全长50厘米左右，尾巴长度达身体长度的两倍以上，颈部和背脊具有较为发达的鬣刺。通身翠绿色，体侧及尾部具数道白色纹路。雄性处于繁殖期时头颈呈橘红色，喉囊与前肢交界处显露出一对黑色斑。其中文名中的“普通”二字并不是说这个物种普通、常见之意，而是指其为该属的模式种，即该属中最早被合法描述并命名的物种。

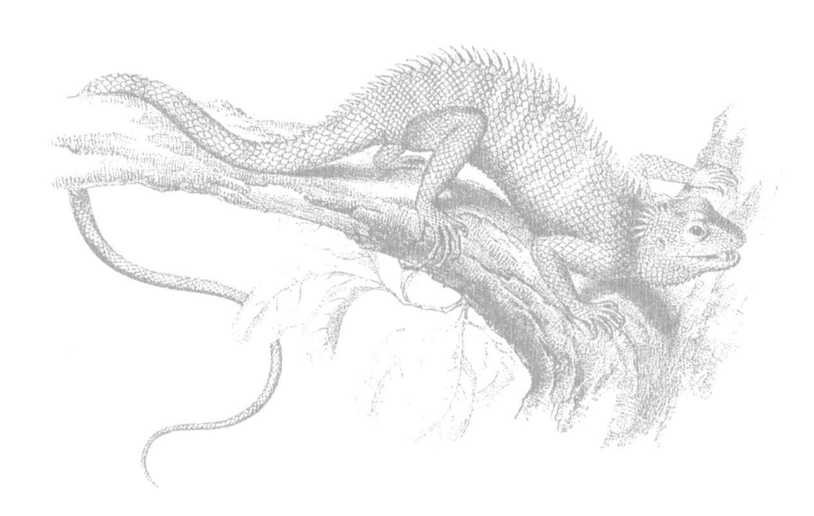

普通树蜥

（费卿格 绘）

头角蜥

Gonocephalus chamaeleontinus

头角蜥栖息于印度尼西亚和马来西亚温暖潮湿的热带丛林，是一种体色极为鲜艳的鬣蜥。全长四十余厘米，尾长约为头体长的2倍。其身形侧扁，脊背正中的鬣刺自颈部延伸至尾前部三分之一处。雄性颈鬣尤其发达，隆起相连呈扇形。通身草绿色，体背两侧具有黄色斑点和黑色条纹，雄性有时还会显露出一抹天蓝色。头略呈三角形，吻棱分明，眼周外侧一圈呈红棕色，内侧具一圈神秘的宝蓝色。体色会受温度及生理状况影响而变化，种名 *chamaeleontinus* 源自于避役属的属名 *Chamaeleo*。

头角蜥

（杜梅里 绘）

双脊鬣脊蜥

Lophosaurus dilophus

双脊鬣脊蜥栖息于巴布亚新几内亚和印度尼西亚马鲁古群岛的高山雨林中，是一种体型中大的树栖型鬣蜥。体色呈黑褐色，发达的喉囊与眼周呈红褐色，具有极为发达的鬣刺，颈鬣与背鬣之间不连续，体侧散布较大的锥状鳞片，这种奇异的样貌极易让人联想到神话传说中龙的形象。

双脊鬣脊蜥

（杜梅里 绘）

横纹长鬣蜥

Intellagama lesueurii

横纹长鬣蜥是澳大利亚的特有物种，也是澳大利亚东部沿海地区的优势物种，常见于城郊或城内公园。全长0.6～1米，尾巴长度约占全长的三分之二，自头颈部到尾中后段具鬣刺，雄性鬣刺较雌性更为发达。横纹长鬣蜥生性机警，稍有风吹草动便一头扎进茂密的灌丛，或攀援于树枝之上。此外，它们还是出色的游泳健将，像桨一样侧扁的尾巴提供强大的推进力，还能够潜入水下屏息达90分钟之久，故又有“澳洲水龙”之名。

横纹长鬣蜥

（杜梅里 绘）

横纹长鬣蜥

（费卿格 绘）

斗篷蜥

Chlamydosaurus kingii

斗篷蜥又名伞蜥，分布于澳大利亚北部和新几内亚岛南部，成体全长60～90厘米，体色会因栖息环境不同而略有差异，如栖息于干旱红土沙地的个体通常呈红棕色，栖息于森林环境中的个体多呈灰褐色，以模仿树皮的颜色。它们是样貌最奇异的蜥蜴种类之一，其头颈部衍生出的伞状皮褶由软骨支撑。在受到威胁时，会张开大嘴，撑开皮褶，露出皮褶内侧橙红色的皮肤，希望以如此虚张声势的方式吓退敌人。但倘若对方不为所动，它也只好改变策略，站立起来用两条后腿奋力逃跑。

斗篷蜥

（杜梅里 绘）

南非鬣蜥

Agama hispida

南非鬣蜥栖息于南非和纳米比亚的半荒漠地区，常利用啮齿动物掘出的洞穴栖身，喜攀援于低矮灌木之上，主要捕食甲虫、蚂蚁及其他小型无脊椎动物。南非鬣蜥的体色于平时呈黄褐色，体背及尾部具有黑褐色色斑，背部有很多突起的锥状鳞丛，这使得它们看起来十分粗糙。雄性鬣蜥于繁殖期时有一次大变身，披上一身鲜艳的草绿色外衣，喉部还会泛出一抹天蓝色，借如此华丽的外貌吸引异性的注意。

南非鬣蜥

（贵卿格 绘）

星纹鬣蜥

Stellagama stellio

星纹鬣蜥广泛分布于欧洲东南部、北非及中东地区，是星纹鬣蜥属下唯一的物种，种下具有多个亚种。体色多呈黄褐色或灰褐色，体背及四肢具有橘黄色色斑，尾部为黑黄环纹相间。背部散有排列有序的芒刺，尾部鳞片整齐排列呈环状，每2环自成一节，清晰可辨。喜栖息于散有大块砾石的半干旱环境，捕食各种小型无脊椎动物，偶食植物。

星纹鬣蜥

（费卿格 绘）

斑点蜡皮蜥

Leiolepis guttata

蜡皮蜥属目前已知约9种，因其背鳞细小且致密而得名，主要分布于东南亚地区，栖于沿海沙地，掘穴而居，雌雄成对生活于洞中。蜡皮蜥雌雄体色差异显著，雌性体色多呈暗淡的灰褐色，与之相反的是雄性体色非常艳丽，尤其以体侧花纹最为华丽复杂，多具有红色斑点或红黑相间的条纹。受惊时，它会将肋骨向外平展，撑起体侧花纹艳丽的皮肤，那样子就像蝴蝶张开翅膀一样，故其英文名为“Butterfly Lizard”。在我国桂、粤、琼及东南亚部分地区，蜡皮蜥被视为一种美食，遭大肆捕捉，种群资源遭到了很大的破坏。

斑点蜡皮蜥是蜡皮蜥属中体型最大的成员，全长可近60厘米，几乎是其他种类的两倍长，仅分布于越南南部沿海地区。它也是蜡皮蜥属中体色最为华丽的一种，体背密布橘红色斑点，体侧及腹面呈灰蓝色伴以黑色横纹。

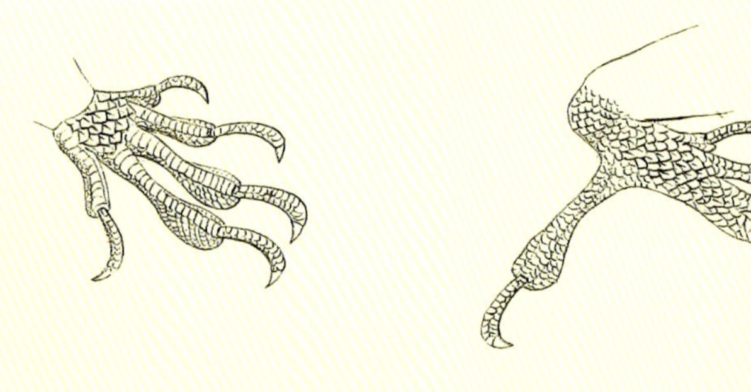

斑点蜡皮蜥

（杜梅里 绘）

苏丹刺尾蜥

Uromastyx dispar

刺尾蜥是一类分布于北非、西亚及南亚干旱地区的地栖蜥蜴，目前已知约有15种，不同种之间体型、体色差异非常大。刺尾蜥天生长有喜感的包子脸和大肚腩，样貌憨态可掬。它们的尾部鳞片尖端多具芒刺，整齐排列呈环状，每一环自成一节。属名 *Uromastyx* 源于古希腊语，意为“像鞭子一样的尾巴”。

苏丹刺尾蜥

（费卿格 绘）

8. 绳蜥科

绳蜥

Cordylus cordylus

绳蜥又名环尾蜥，分布于非洲南部，其身形扁平，全长约15厘米，体色呈黑褐色或黄褐色，腹面颜色较浅。强烈起棱的鳞片绕躯体呈环状紧密排列，好似甲胄一般，尾部鳞片尤其发达，末端呈刺状。主要栖于多大块岩石的半干旱环境，如遇危险迅速躲避于洞穴或石缝间，并奋力吸气使身体卡在其中，让捕食者无计可施。绳蜥的生殖方式为卵胎生，每年秋天雌蜥会产下1～2条仔蜥。在生命之初的头一年，小绳蜥通常会在母亲附近活动，待到长大些再逐渐拓展活动范围。

绳蜥

（费卿格 绘）

9. 角蜥科

角蜥

Phrynosoma sp.

角蜥是一类栖息于北美洲干旱地区的小型蜥蜴。它们身形扁平，尾巴很短，周身布满尖刺，头后部还有形态各异的骨质刺突，以荒漠中的各种蚂蚁及其他小型无脊椎动物为食。有些角蜥具有非常另类的御敌方式，当遇到捕食者时，它们会使身体变得更为扁平，以突显周身锐利的尖刺，头部血压持续升高，最终使得眼睑内侧的血管突然破裂，眼部一股股红的鲜血射向对方。很多捕食者都会被这突如其来的鲜血吓得惊慌失措，角蜥趁此机会逃之夭夭。

角蜥

（费卿格 绘）

10. 美洲鬣蜥科

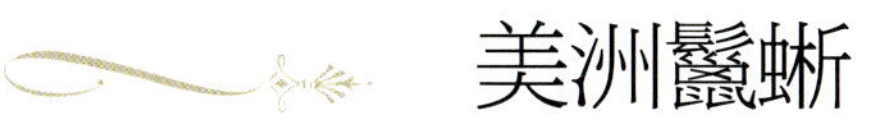

美洲鬣蜥

Iguana iguana

美洲鬣蜥是美洲鬣蜥科中体型最大的物种，成年雄性全长可逾2米，重量达近10千克。可这样一个大家伙却几乎完全取食植物。植物所能提供的能量很低，所以美洲鬣蜥每天要花相当长的时间在树上取食植物叶片和果实，其余时间便趴在树枝上享受日光浴的滋润。美洲鬣蜥体色多数呈草绿色或翠绿色，自尾基部至尾末具多个黑褐色环纹。成年雄性于繁殖期时体色转为醒目的橘红色，喜爬至树的最高点，不断晃头并展示巨大的扇状喉褶，借以吸引雌性的注意。在同一区域内所占领位置最高、体型最大的雄性美洲鬣蜥通常将获得更多的交配权。

美洲鬣蜥

（费卿格 绘）

角圆尾蜥

Cyclura cornuta

角圆尾蜥是一种分布于中美洲加勒比地区的中大型蜥蜴。它们全长1米以上，体格健壮，体色多为深褐色或灰褐色，因其吻部具有一枚较大骨质突起而又得“犀牛鬣蜥”之名。圆尾蜥属名*Cycluar*的词源由“cyclos”“圆圈状”的和“ourá”“尾巴”构成，意指本属的所有种尾部都带呈环形排列的锥状鳞。

角圆尾蜥

（杜梅里 绘）

11. 海帆蜥科

冠蜥

Basiliscus basiliscus

冠蜥生活于中美洲及南美洲北部的热带雨林中，全长60~80厘米，尾长可占全长的70%以上，头后、体背及尾部具有发达的冠嵴。栖息环境不乏大小河流、溪流，因其天生掌握“水上漂”的绝学，这些天然地理屏障成为了冠蜥逃跑的快速通道。当有捕食者追赶时，冠蜥会跳入水中，两条后腿飞快地踩水，奋力不让身体下沉，以最快速度到达河对岸。这其中的奥秘在于冠蜥的脚趾很长，高速的踏频使得后趾在接触水面的瞬间击打出大量气泡，气泡产生的些许浮力可托起冠蜥的身体。通常而言，冠蜥能够在水面奔跑5米以上，但如果距离太长，冠蜥还是会采用游泳的方式渡河，毕竟“水上漂”的功夫实在要消耗巨大的体力。

冠蜥

（费卿格 绘）

海帆蜥

Corytophanes cristatus

海帆蜥栖息于中美洲及南美洲北部的热带雨林地区，全长30～40厘米，尾长约为头体长的2倍。它们最大的特点在于头颈部具有一个船帆状的头冠，雄性头冠较雌性发达许多。这种独特头冠的具体作用尚不得而知，目前普遍认为其与“性选择”现象有关。性选择是自然选择中的一种形式，即两性中的一方（多为雄性），为争夺交配权而与同性展开竞争，受异性青睐的竞争者获得交配权，其优势性状得以延续和发展。这种现象在动物界中非常常见，鹿的角、狮的鬃毛、孔雀的尾上覆羽等都是性选择的结果。

海帆蜥

（杜梅里 绘）

12. 蛴尾蜥科

点尾蜥

Uracentron azureum

点尾蜥分布于圭亚那、苏里南、法属圭亚那、哥伦比亚及巴西北部地区，是一种体型娇小的树栖蜥蜴。全长约15厘米，尾巴短粗，其上布满棘刺，主要取食蚂蚁等小型无脊椎动物。点尾蜥的体色为草绿色伴有黑色横纹，但奇怪的是，第154页图中所示却是蓝色伴有黑色横纹。究竟是作者涂色出现了错误还是因为这是一条体色有变异的个体？实际上，这是因为色素细胞中的黄色素非常不稳定，标本在浸泡于保存液后黄色素分解，体色即由绿色转为了蓝色。

点尾蜥

（杜梅里 绘）

点尾蜥

（费卿格 绘）

13. 避役科

避役

Chamaeleo chamaeleon

避役就是我们通常所说的“变色龙”，因其具非凡的变色能力而著称。人们普遍认为避役变色是为了与环境颜色保持一致，以便“隐身”于其中，不被猎物或捕食者所发现。但事实上，避役变化身体颜色的原因更多是受情绪、温度、生理状态等因素影响，就像一种无声的语言，在种群内的信息交流中起到了重要作用。如很多种类在平静状态下的体色表现为绿色，当受到惊扰时身上马上出现黑褐色斑点或红、黄等明亮的警戒色。当然，作为一种不错的拟态手段，避役的体色也会根据周围环境进行适当变化，尤其是一些小型种类，以模仿枯叶的色彩和形态来躲避捕食者的猎杀。

在蜥蜴亚目中，避役是外形具有鲜明特点的一大类群，它们不仅具备最变化莫测的变色能力和独一无二的捕食行为，其骨骼结构也与其他类群大相径庭。避役的巩膜环骨化，以支持和保护两只具有独立视角的眼球；舌骨细长且高度特化，以支持其具有弹射功能的长舌；趾前后分开呈钳状，便于紧握树枝；卷曲而灵活的长尾相当于第五肢，能够帮助它们灵活地在林间穿行。

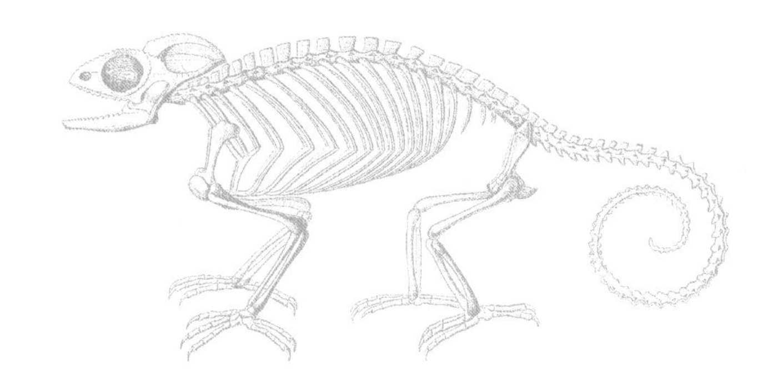

避役

（费卿格 绘）

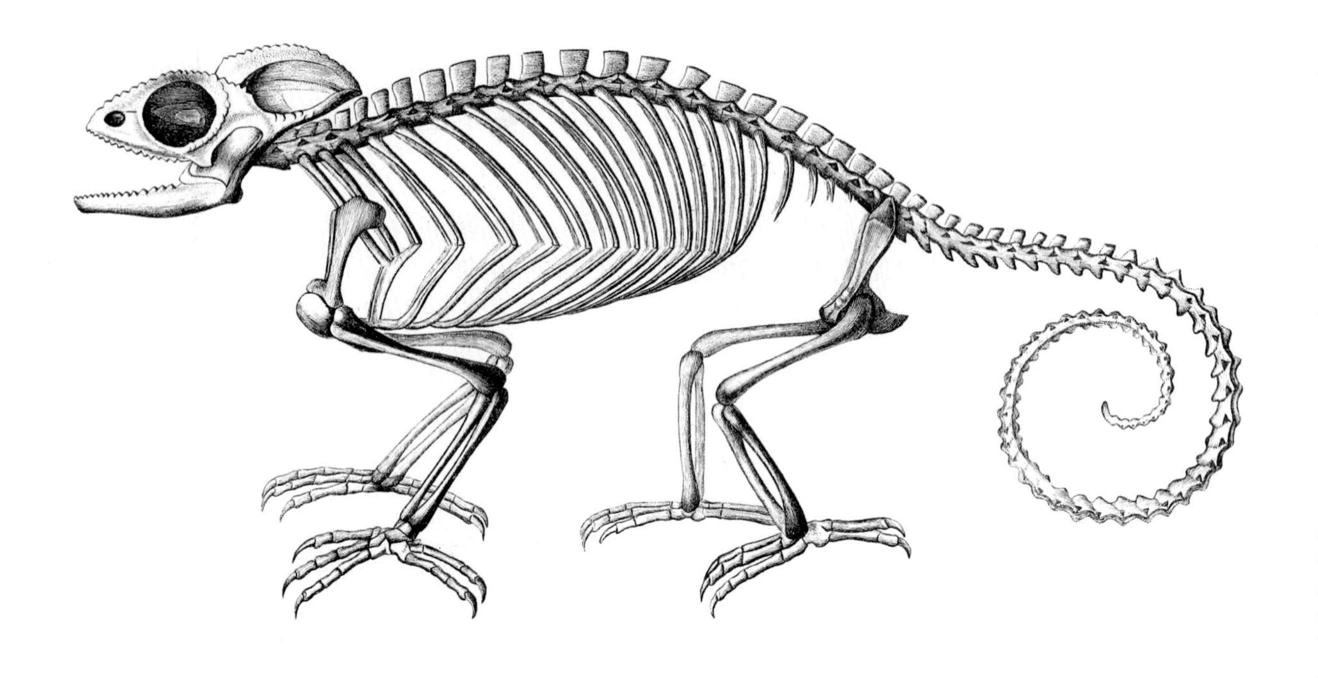

避役 骨骼

（杜梅里 绘）

yóu
疣鳞叉角避役

Furcifer verrucosus

避役的真皮细胞表面有一层虹细胞，通过改变这一细胞层内部的鸟嘌呤纳米晶体的排列顺序，避役可以实现颜色的变化。例如，当避役处于平静状态下时，这些晶体排列紧密，此时光通过则反射出蓝色，蓝色的结构色与黄色的化学色相结合，体色表现为绿色。而当避役紧张时，它们会主动控制晶体的疏密程度，使其排列更加松散，从而反射波长更长的色光，如红光、黄光等，展现出更为鲜艳的色彩。因此，避役之所以能够快速改变体色，是由于化学色与结构色的共同作用。

疣鳞叉角避役

（杜梅里 绘）

14. 巨蜥科

饰纹巨蜥

Varanus varius

饰纹巨蜥广泛分布于澳大利亚东部沿海地区，在公园甚至后院都有可能与它们不期而遇。饰纹巨蜥头尾全长约1.5米，最大可逾2米，重量达20千克，是澳大利亚第二大蜥蜴。它们的体色有两种截然不同的表现型，一种就是如第162页图所示黑白相间的类型，另一种体色呈蓝灰色，头体背面、四肢及尾巴具有成排的斑点和横纹。这两种体色表现型并不是由分布差异造成的，而是由遗传基因决定，有时由同一窝卵孵化出的幼体都会表现出两种色型。

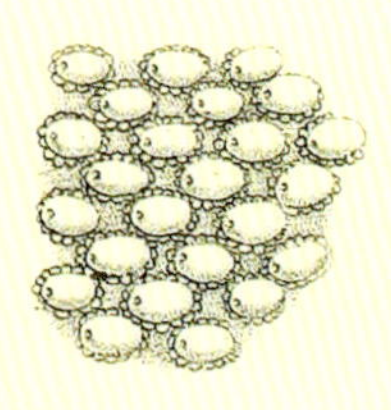

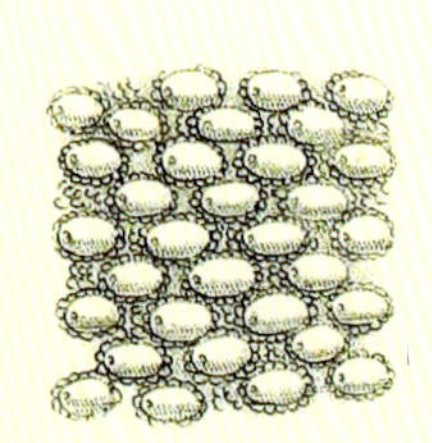

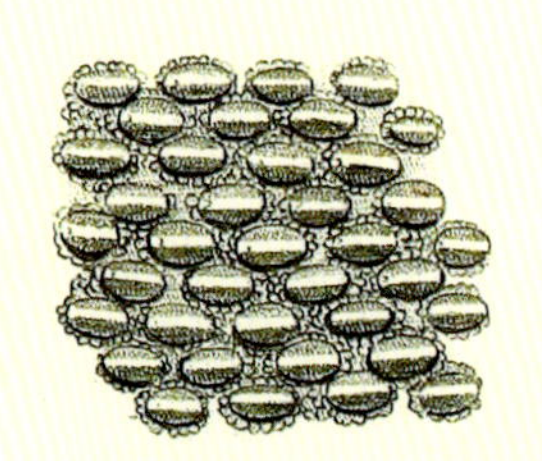

饰纹巨蜥

（杜梅里 绘）

尼罗河巨蜥

Varanus niloticus

尼罗河巨蜥是非洲体型最大的蜥蜴，全长1.2～2.2米，最大记录为2.44米，分布遍及非洲大部分地区。它们的体色呈黑褐色，体背散布黄色细碎斑点，喉部及腹面呈淡黄色，尾部具黄色环纹。尼罗河巨蜥满口尖牙利齿，四肢强壮有力，侧扁的尾巴不仅能在游泳时提供强大的推动力，还是强而有力的防御武器。它们是饕餮的食客，几乎从不挑食，食谱中包括爬行类、鸟类、小型哺乳动物、卵、鱼类、昆虫甚至腐肉等。

尼罗河巨蜥

（费卿格 绘）

15. 毒蜥科

珠鳞毒蜥

Heloderma horridum

珠鳞毒蜥分布于墨西哥和危地马拉，是毒蜥属仅存的两种毒蜥之一，体格壮硕，全长60～90厘米。毒蜥的毒腺位于下腭，毒液经毒腺流入口腔，再通过牙齿的撕咬进入伤口内。毒液的威力虽不至于致命，但会引起难以忍受的剧烈疼痛，严重者还可能出现恶心、呕吐、发烧甚至血压骤降等症状。虽然拥有强效的毒液，但珠鳞毒蜥的主要取食对象是鸟卵和初生的啮齿动物幼崽，其毒液的主要用途至今依然是学者争论的焦点问题。

珠鳞毒蜥

（杜梅里 绘）

珠鳞毒蜥

（费卿格 绘）

16. 美洲蜥蜴科

黑白双领蜥

Salvator merianae

黑白双领蜥是生活于南美洲的一种大型蜥蜴，全长1～1.5米，隶属于南美蜥科，样貌和习性均与旧大陆的巨蜥非常相似，占据着相同的生态位。近年来有研究显示，黑白双领蜥是爬行动物中鲜有的温血动物，通过红外热成像仪观察，其体温可高于夜间环境温度10℃以上，但和鸟类、哺乳类等真正的恒温动物不同的是，它们仅在繁殖期可以保持较为恒定的体温，以提高卵在体内的发育速度。

黑白双领蜥

（费卿格 绘）

马提尼克臼齿蜥

Ameiva major

马提尼克岛地处加勒比海地区小安地列斯群岛，在行政上属于法国的海外省。马提尼克臼齿蜥就曾生活于该岛上，而且是当地特有物种。不幸的是，在经历火山喷发、肆虐的飓风和引入的外来物种捕食等多重打击下，马提尼克臼齿蜥已于20世纪初永远地消失了。如今，我们能见到的除了法国国家历史博物馆保存的模式标本外，就只有杜梅里和费卿格留下的最早描述该物种的科学绘画了。不过也有学者质疑该种的有效性，认为其模式标本的采集地并非位于马提尼克岛而是另有他处。无论如何，马提尼克臼齿蜥的身世之谜注定已成悬案。

马提尼克白齿蜥

（杜梅里 绘）

马提尼克白齿蜥

（费卿格 绘）

亚马逊鳄尾蜥

Crocodilurus amazonicus

亚马逊鳄尾蜥分布于巴西、哥伦比亚、委内瑞拉、秘鲁、法属圭亚那等南美国家和地区，是鳄尾蜥属中唯一的物种。营半水栖生活，具有与鳄鱼尾巴相似的桨状尾巴，主要捕食节肢动物、两栖动物、爬行动物和鱼类等。

亚马逊鳄尾蜥

（费卿格 绘）

17. 短头蚓蜥科

棋斑蚓蜥

Trogonophis wiegmanni

在分类学上，蜥蜴与蛇同属于有鳞目，但在有鳞目这个大家族当中还有一群鲜为人知的成员，那就是蚓蜥亚目。蚓蜥亚目约有近200种，主要分布于非洲和南美洲，少部分分布于西亚和北美。它们通常隐于森林落叶层下或在沙地下潜行，只有在夜晚或下雨的时候才到陆地上活动。正如它们名字表示的那样，蚓蜥活脱脱就像一条长有鳞片的大蚯蚓，长期穴居生活使它们逐渐丧失视觉功能，眼睛被皮肤和鳞片所覆盖，外耳和鼓膜也已消失，捕猎完全依靠敏锐的嗅觉。

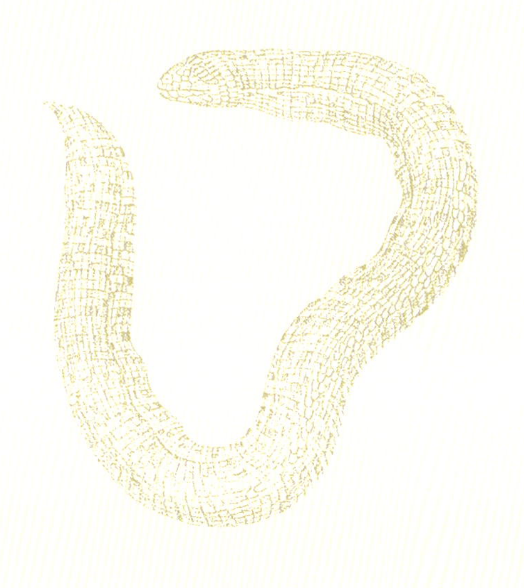

棋斑蚓蜥

（费卿格 绘）

18. 双足蚓蜥科

沟双足蚓蜥

Bipes canaliculatus

双足蚓蜥属现已知3个物种，全部分布于墨西哥。顾名思义，双足蚓蜥与其他蚓蜥最显著的差异在于它们还保留有一对短粗的前肢。前肢距离头极近，呈铲状，善于掘穴，其挖土时的样子很容易让人联想到另一种穴居动物——鼹（yǎn）鼠，故又得“鼹蜥”之名。

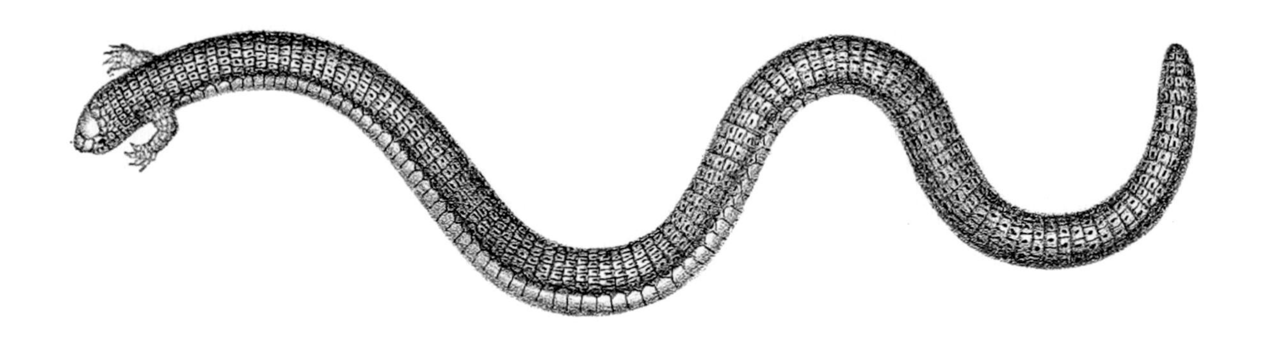

沟双足蚓蜥

（费卿格 绘）

蛇亚目

19. 盲蛇科

网纹美洲盲蛇

Amerotyphlops reticulatus

盲蛇是蛇类中体型最小的类群，主要营穴居生活，捕食各种生活于地下的小型无脊椎动物，眼睛已转变为一小黑点隐于眼鳞之下，如不仔细观察甚至会将其误认为是蚯蚓。世界上已知最小的蛇类是分布于加勒比海地区的巴巴多斯细盲蛇（*Tetracheilostoma carlae*），全长仅10厘米，可以盘伏于一元硬币之上。但是盲蛇中也有一类“巨人”，例如图中这种网纹美洲盲蛇，最大全长约50厘米，算是盲蛇中的大块头。但这还是远远比不上它在非洲的的远房亲戚，施氏巨盲蛇（*Afrotyphlops schlegelii*）平均体长60厘米，最大体长可达95厘米，是盲蛇中当之无愧的巨人。

网纹美洲盲蛇

（杜梅里 绘）

网纹美洲盲蛇

（费卿格 绘）

20. 南美筒蛇科

南美筒蛇

Anilius scytale

南美筒蛇是南美筒蛇科中残存至今的唯一一种，分布于南美洲北部地区，被认为是一种极为原始的蛇类。它们的体色为橘红色与黑色相间，头部圆钝，头颈区分不明显，眼睛很小，通身呈长筒状，具有一个短小的尾巴。这种蛇的原始之处表现为，它们还保留有腰带的残迹，头骨结构也近似于蜥蜴。作为蛇类漫长演化路程中的重要一环，南美筒蛇具有非常高的科研价值。

南美筒蛇

（费卿格 绘）

21. 蟒科

非洲蟒

Python sebae

非洲蟒分布于非洲中部和西部地区，分布广泛且适应能力强，从热带森林到荒漠草原都能见到它的身影。它是非洲大陆最长、最重的蛇类，全长3～4米，最长纪录可接近6米，最重可达90千克。蟒蛇不具有毒液，它们依靠蛮力缠绕住猎物使其心脏停搏而亡。它们的食谱包括鼠类、鸟类、猴子、羚羊、疣猪、鳄鱼，甚至还会猎杀大型肉食动物的幼崽。成年非洲岩蟒在饱餐一顿之后，可以蛰伏在洞穴中长达半年不再进食。此外，它也是仅有的两种有确切食人记录的蛇类之一。

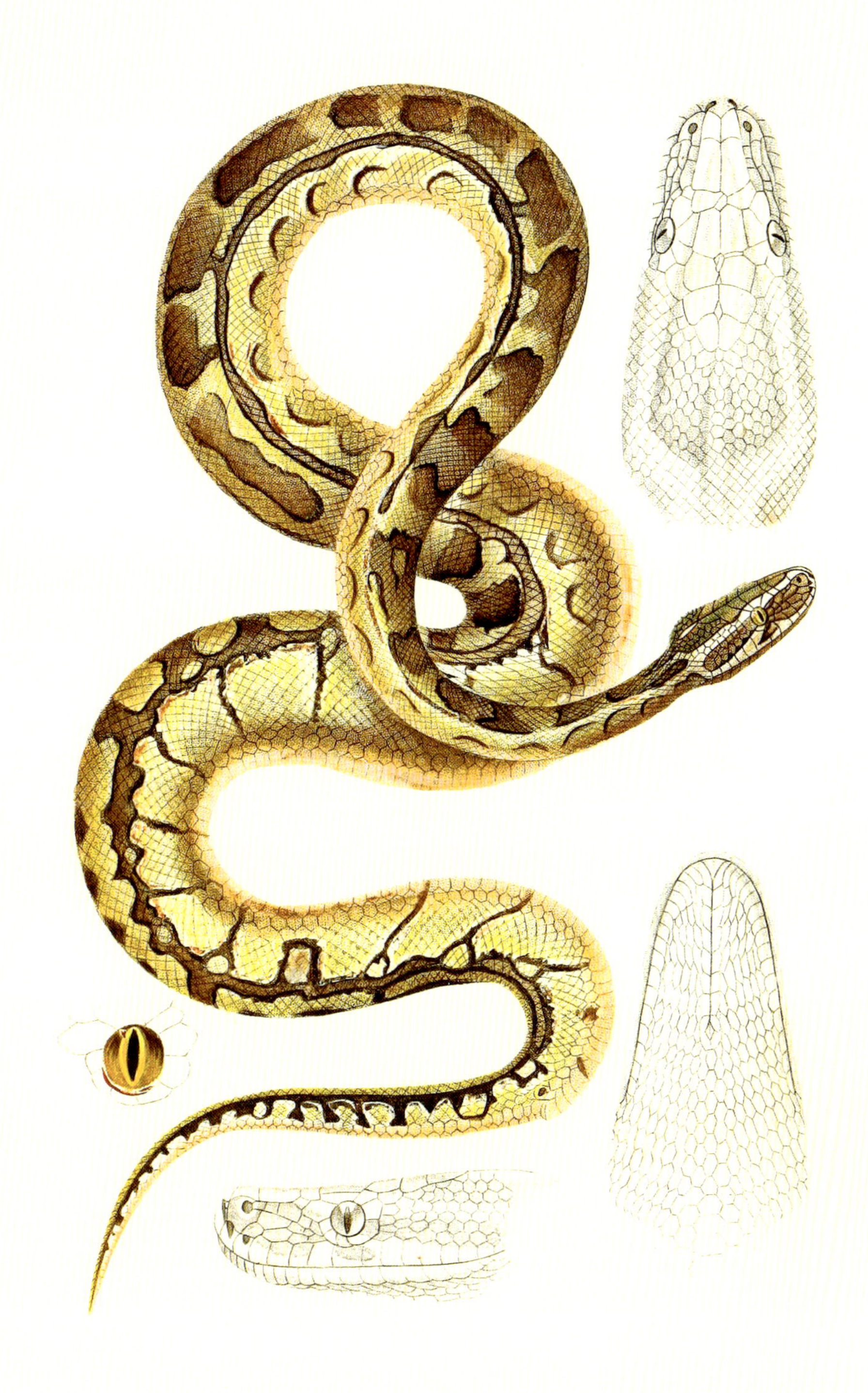

非洲蟒

（杜梅里 绘）

蟒蛇骨骼

众所周知，蛇类是没有四肢的，骨骼结构较其他陆生脊椎动物更为简单，主要由头骨、椎骨和肋骨三大部分构成。蛇类的头骨具有非常复杂的构造，由数十块骨骼联结而成，不同科、属间头骨形态差异较大，是重要的分类鉴别特征；蛇类椎骨的数量因种类不同而大相径庭，大约从141个至435个不等；躯干部的每一块椎骨都连接有一对肋骨；蛇类虽然没有四肢，但在较为低等的类群中，如蟒科和蚺科的部分种类，其泄殖孔两侧具有呈爪状的后肢残迹。这种爪状残肢对于蛇类的运动没有丝毫帮助，仅有的作用是在交配之前，雄性会用它轻轻刺激雌性，促使雌蛇进入交配状态。

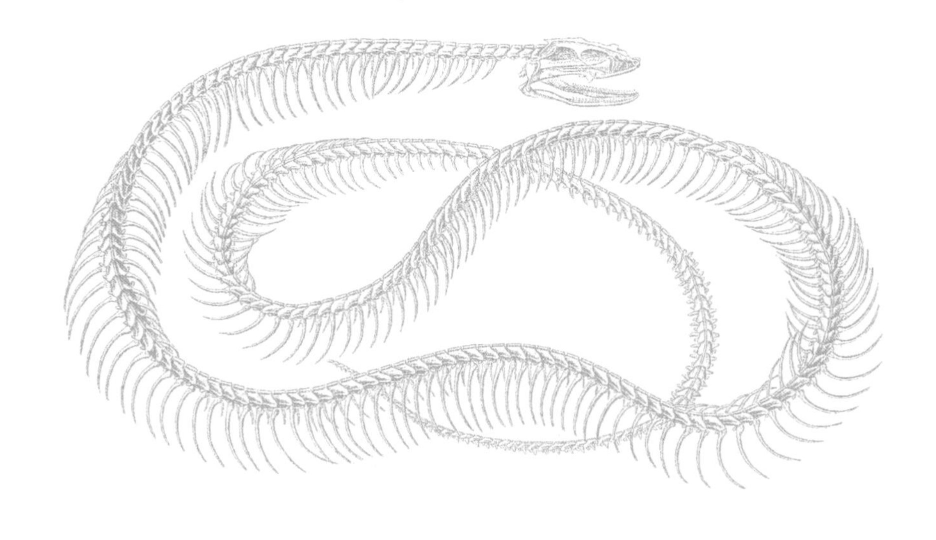

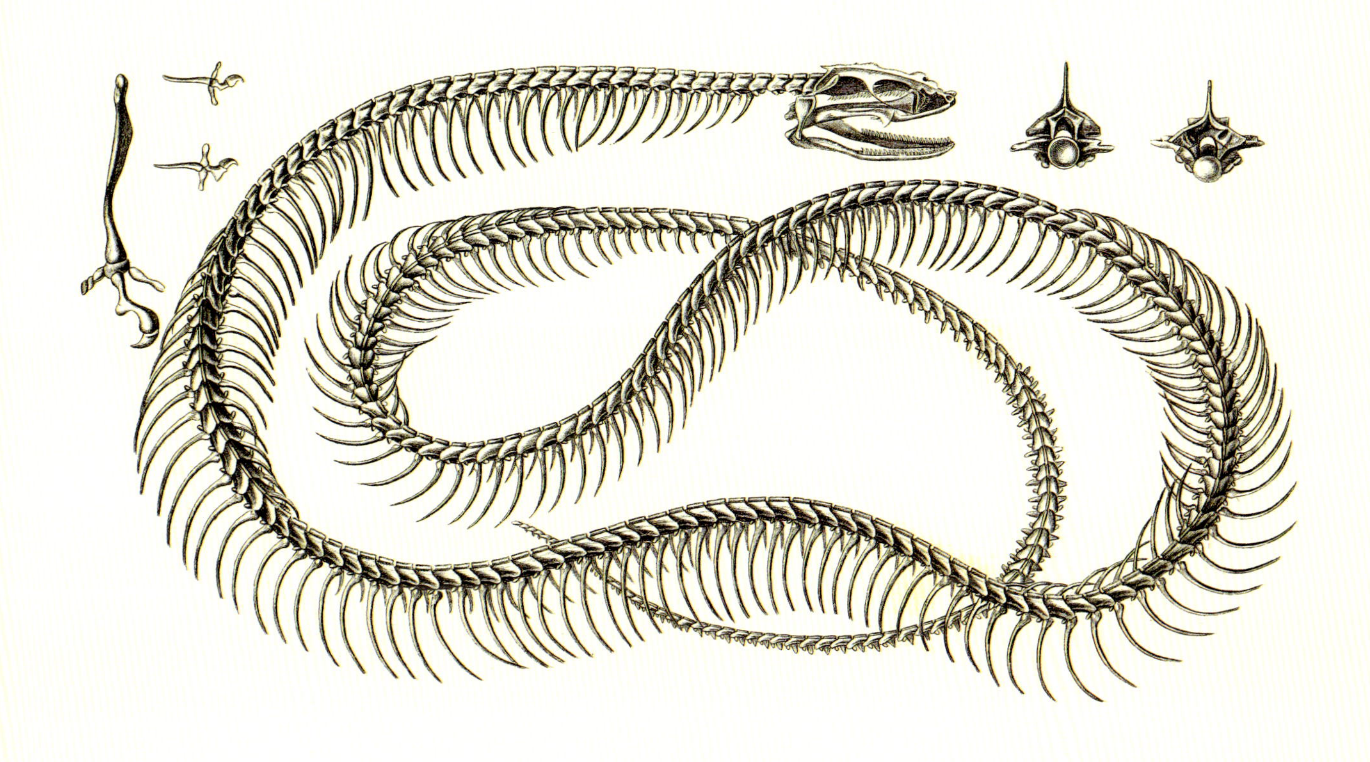

蟒蛇骨骼

（杜梅里 绘）

rán

22. 蚺科

虹蚺

Epicrates cenchria

虹蚺是一种分布于中美和南美的中小型树栖蚺类，种下可分为多个亚种。将其称为最美丽的蚺蛇丝毫不为过，这不仅是因为它们本身色彩艳丽，更在于它们的鳞片在阳光的照射下会泛出幽蓝色的虹光，堪称热带雨林中有生命的彩虹。造成这种现象的原因在于其鳞片表面的角蛋白表皮层具有排列规则的光栅结构，无色的自然光照射到这些纳米级结构上时会发生折射、衍射、反射等现象，使人用肉眼观察到多彩的可见光。

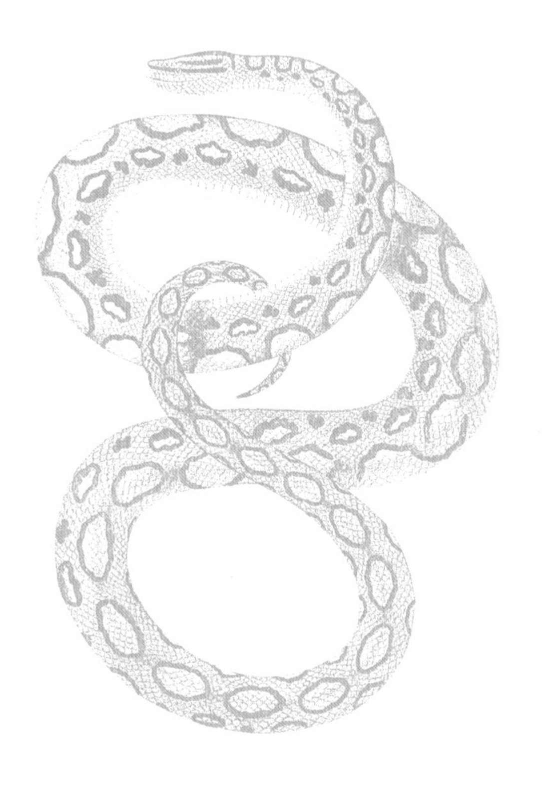

虹蚺

（费卿格 绘）

红尾蚺

Boa constrictor

蟒与蚺，都是蛇类中较为原始的类群，它们之中较大体型的种类给人留下深刻的印象。可是人们常常对蟒和蚺这两个类群傻傻分不清，甚至相互混淆，那么它们之间有何区别呢？首先，蟒与蚺最大的区别在于生殖方式，蟒营卵生生殖，蚺则营卵胎生的生殖方式，即卵在体内孵化，直接产下具卵膜包被的仔蛇。从分布上来看，蟒仅分布于旧大陆的非洲、亚洲及大洋洲，而蚺在新、旧大陆皆有分布。此外，二者在头骨数量、唇窝位置等方面亦有差异。

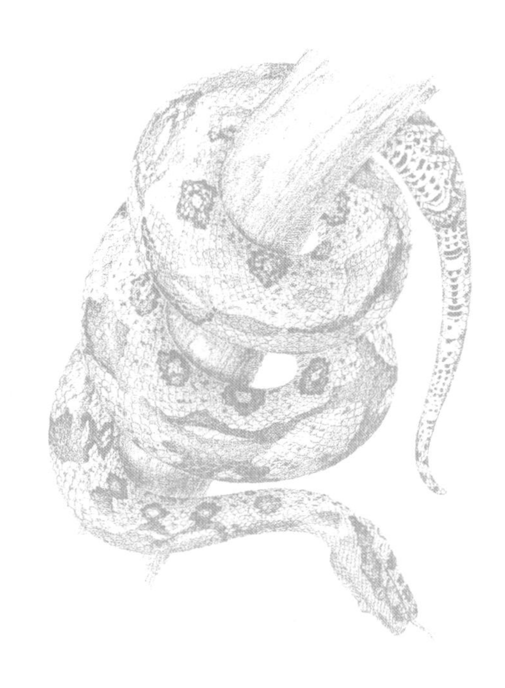

红尾蚺

（费卿格 绘）

绿水蚺

Eunectes murinus

经典恐怖电影《狂蟒之灾》令亚马逊雨林中的“水蟒”名声大噪，影片中其巨大的身形给人们留下了深刻的印象，甚至成为了不少人心中的梦魇。回到现实世界中，影片主角的原型为分布于南美洲的绿水蚺，属蚺科水蚺属，故该影片片名译为《狂蚺之灾》要更为贴切。绿水蚺是现存体型最大的蛇种之一，在南美原住民部落中，雨林深处存在巨蛇的传说至今依然在流传。虽然有很多人宣称见过或捕捉过10米甚至20米以上的巨蛇，但并未能拿出令人信服的证据，目前有确切记录的最长个体长度为5.21米，重量97.5千克。

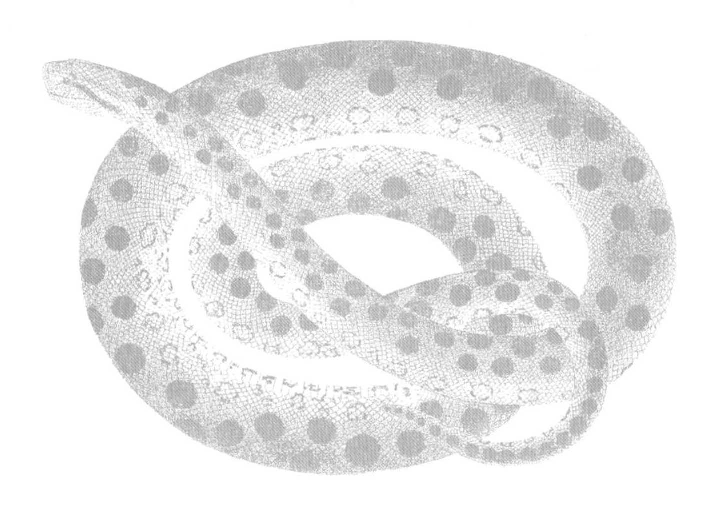

绿水蚺

（费卿格 绘）

luǒ

23. 瘰鳞蛇科

爪哇瘰鳞蛇

Acrochordus javanicus

爪哇瘰鳞蛇是一种高度适应水栖生活的蛇类，缺乏其他蛇类成单列排列的大片腹鳞，生活于东南亚地区淡水与海水交界的河口，也可生活于海水中。它们主要以鱼类为食，眼及鼻孔位于头顶，分叉的舌又细又长，以捕捉水中的气味分子。瘰鳞蛇最大的特点为皮肤异常松弛，通身覆以排列紧密的细小瘰鳞，摸起来犹如锉刀一样粗糙，这样的鳞片可以帮助它牢牢缠绕住滑溜溜的鱼。

爪哇瘰鳞蛇

（费卿格 绘）

24. 闪皮蛇科

爪哇闪皮蛇

Xenodermus javanicus

爪哇闪皮蛇分布于印度尼西亚、马来西亚、缅甸和泰国等东南亚国家，是一种十分罕见的夜行性蛇类，出没于潮湿土地或稻田捕食蛙类。爪哇闪皮蛇体型纤细，全长约50～70厘米，体色呈神秘的蓝灰色，自颈后至尾末具三纵列突起的疣鳞，因其奇特的样貌很容易让人联想起传说中“龙”的形象，故又得“龙蛇”之名。

爪哇闪皮蛇

（杜梅里 绘）

25. 水蛇科

钓鱼蛇

Erpeton tentaculatum

钓鱼蛇又名箭鼻水蛇，是分布于东南亚的一种中小型水栖蛇类，全长50 ~ 90厘米，喜栖于静水塘或流速缓慢的溪流等环境。它们最显著的特征在于其吻端有一对触须，这个特征在蛇类中可以说绝无仅有。钓鱼蛇通常采用伏击的策略，每天会花大量时间保持同一个姿势，尾部缠绕于水下树枝或水草之上以固定躯体，躯体弯曲呈“J”或“C”型，静静等待猎物进入它的攻击范围。钓鱼蛇的触须前端密布敏感的神经细胞，能够感受鱼游动时产生的细微波动，并将触觉感应和视觉信息相结合，即使在完全黑暗的环境下也可以进行捕食。近年来更有研究显示，当鱼游进钓鱼蛇头颈部与身体围成的包围圈时，蛇会微弱地抖动身体，促使鱼向蛇头所处的方向游动，钓鱼蛇还会对猎物的逃跑路径作出预测，大大提高捕食效率。

钓鱼蛇

（费卿格 绘）

26. 游蛇科

牛蛇

Pituophis catenifer

牛蛇体型粗壮，全长1～1.8米，最大者可逾2米，栖息于美国、加拿大和墨西哥北部的干旱地区，捕食小型哺乳动物、鸟类、蛙类等。它们的体色多呈砂黄色，具深浅不一的块状色斑，这种配色非常适宜在多石砾的荒漠环境中隐蔽。当遇到威胁时，牛蛇会盘伏起来，颈部缩成“S”型的防御姿态，从鼻子中传出低沉的“呼呼”声，尾巴还会剧烈摇动。很多人会将其误认为是剧毒的响尾蛇，但实际上它们是一种无毒蛇，而且在控制草原鼠害上功不可没。

牛蛇

（杜梅里 绘）

密河泥蛇

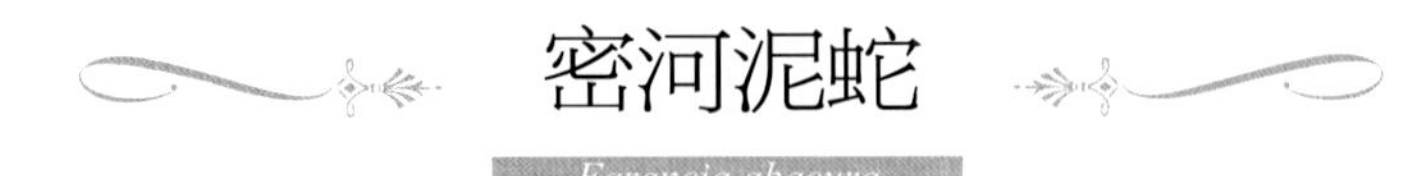

Farancia abacura

密河泥蛇分布于美国东南部，是该地区较为常见的一种中大型半水栖蛇类，全长1～1.4米，最大者可逾2米。体背呈黑色，头体腹面、体侧及上唇有红黑色斑相间，鳞片光滑无棱。它们是一种高度水栖的蛇类，栖于沼泽、河流、湖泊等水底植物及淤泥丰富的水域，捕食蝾螈、蛙类及鱼类等，尤其喜食一类名叫两栖螈（*Amphiuma* spp.）的两栖动物，它们细密的尖牙也便于捕捉这些光滑的家伙。密河泥蛇并不具有毒液，而且性情温顺，几乎不会咬人。然而，如果你将它从水中捞起，它会用尾尖上的一枚角质刺狠狠刺向你的手，迫使你将其放走。

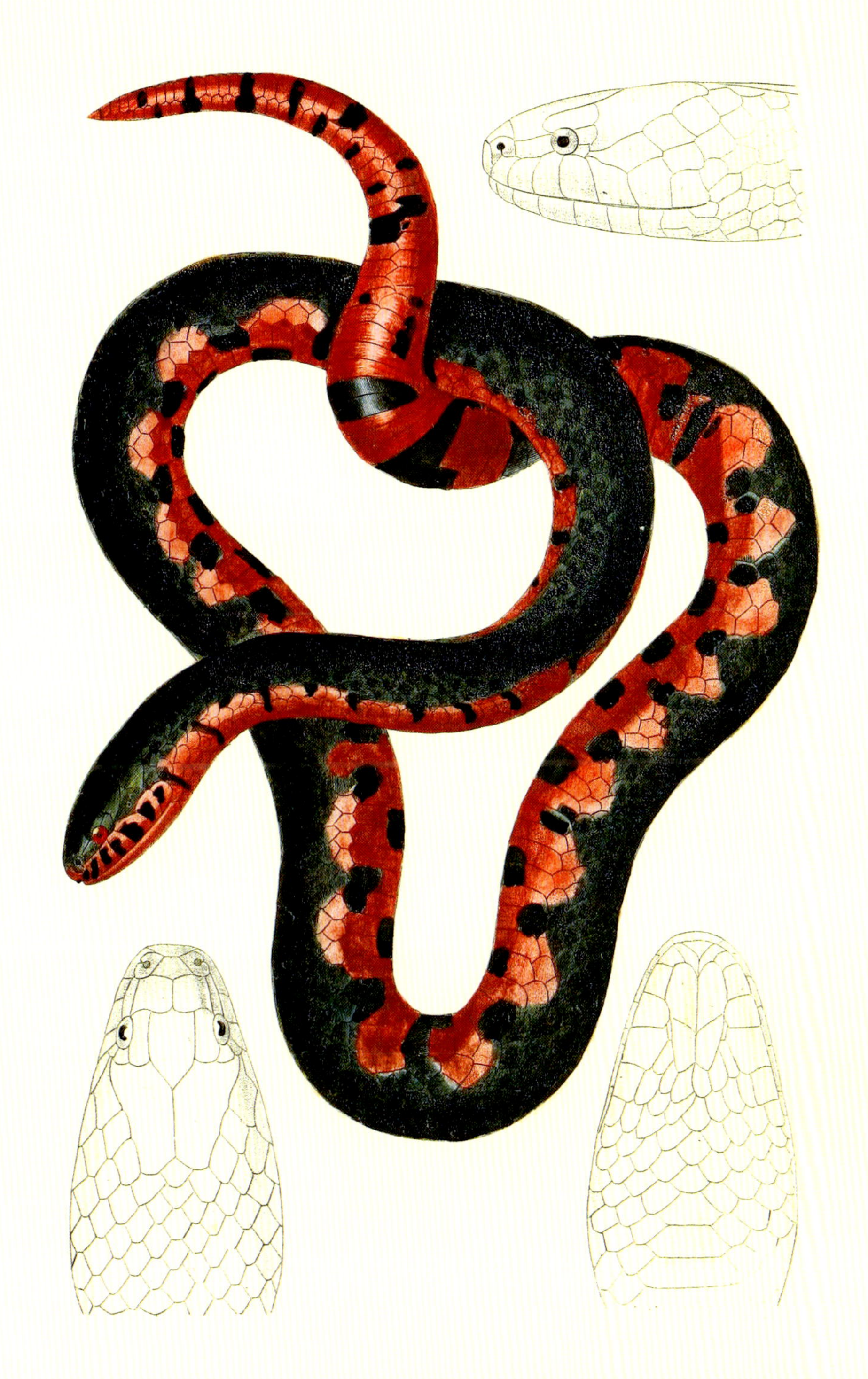

密河泥蛇

（杜梅里 绘）

阿比西尼亚食卵蛇

Dasypeltis abyssina

食卵蛇，顾名思义是一类主要以卵为食的蛇类。该属目前已知12种，主要分布于非洲和中东部分地区。蛇类之所以能够吞下比头部更大的猎物，是因为它们的下腭分为左右两个独立的部分，之间由活动自如的韧带相连，而且连接上下腭的“方骨”可以大大扩展蛇口的开合角度。食卵蛇也不例外，再加上它们几乎不具牙齿，更加有利于吞咽大而光滑的鸟卵。它们敏锐的嗅觉不仅可以帮助它们找到鸟卵，更可以分辨出卵是否已经变质，以保证不浪费体力。鸟卵被吞咽到咽部时，肌肉会将其向椎骨上一个突起的“骨刺”挤压，以戳破卵壳，吞食蛋液。所有蛋液都被挤出后，它便将卵壳吐出，接着去寻找下一个目标。

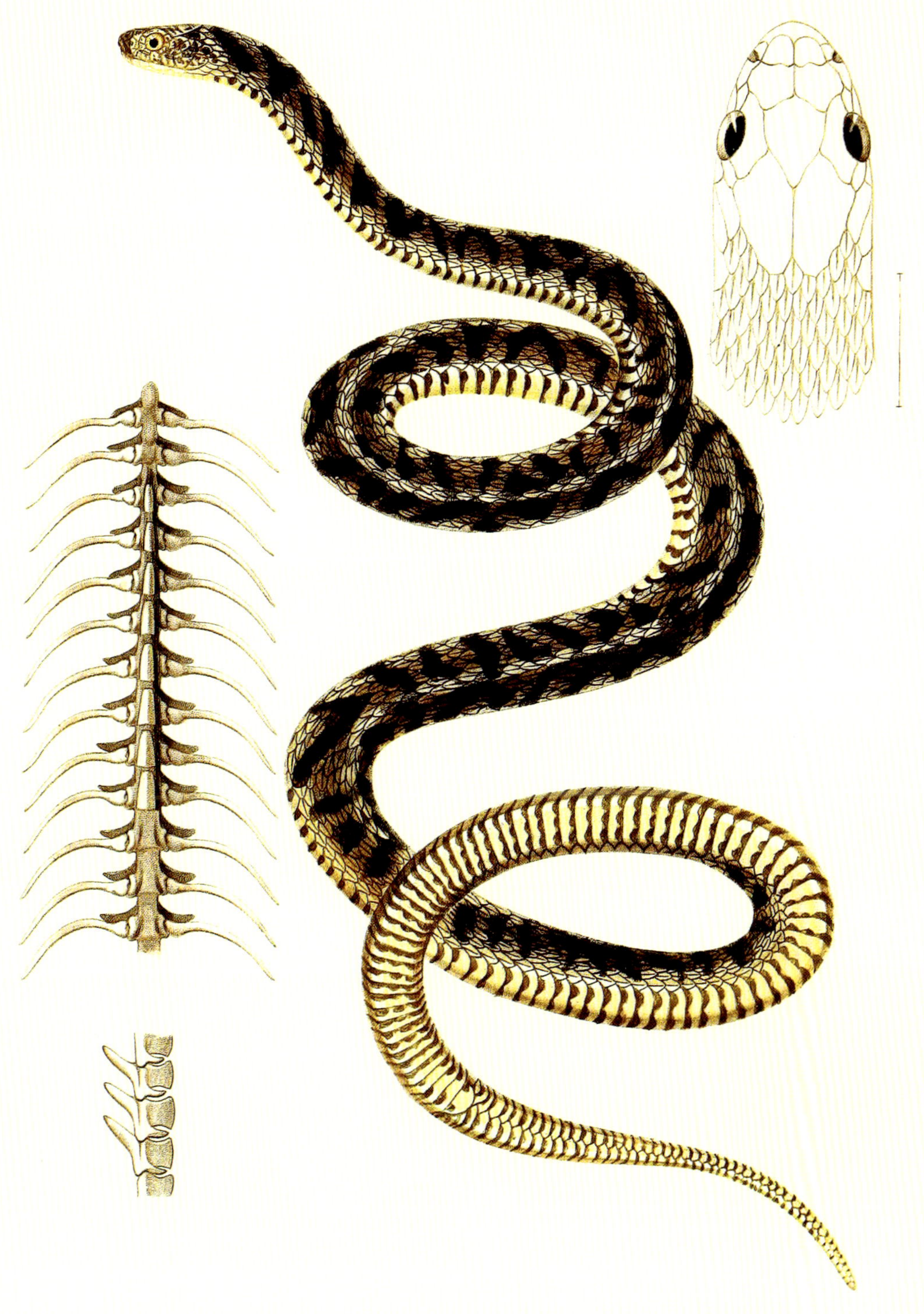

阿比西尼亚食卵蛇

（杜梅里 绘）

紫斑小头蛇

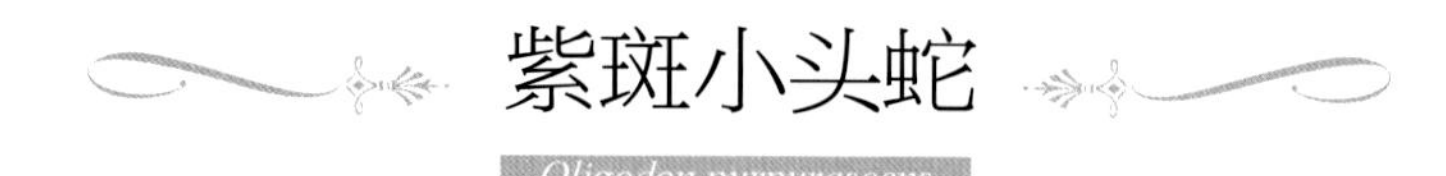

Oligodon purpurascens

小头蛇属是一个庞大的家族，目前已知70余种，广泛分布于中国南方及南亚、东南亚诸国。顾名思义，小头蛇的头较小，与颈区分不明显，得此名算得上贴切，但是它们的英文名“kukri snake”就很难让人从字面上理解含义了。“kukri”指的是尼泊尔廓尔喀人使用的廓尔喀弯刀，以此形容小头蛇两枚如弯刀般锋利的上颌齿。如此发达的上颌齿对于小头蛇有何特殊作用呢？答案在于它们的食物当中。几乎所有小头蛇均以爬行动物的卵为食，发达的上颌齿就成了割破卵壳的利器。小头蛇在开始吞食时，上颌齿割破纤维质卵壳，以便蛋液流出，随后再将整枚卵囫囵吞下。

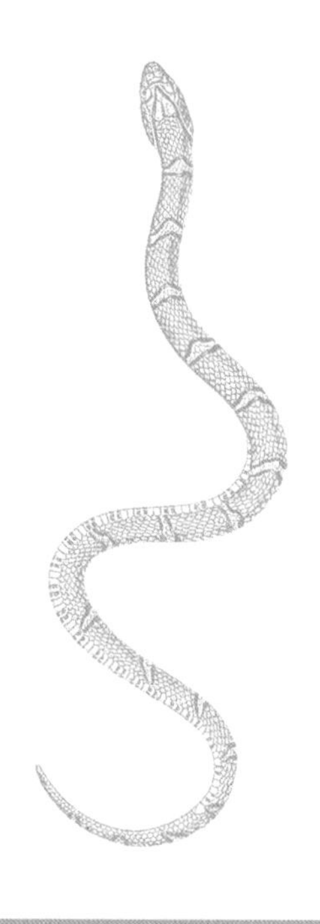

紫斑小头蛇

（杜梅里 绘）

27. 鳗形蛇科

森林女神蛇

Dromicodryas bernieri

森林女神蛇分布于马达加斯加西部、南部及东南部地区，是一种适应能力强、分布较广泛的无毒蛇。它们体型纤长，全长约1米左右，体色呈砂黄色，自头颈部至尾末具三道黑褐色纵纹纵贯体尾。行动敏捷且有着良好的视觉，主要捕食蜥蜴，偶见捕食小型蛇类等。

森林女神蛇

（杜梅里 绘）

马达加斯加叶吻蛇

Langaha madagascariensis

马达加斯加叶吻蛇全长1米左右，仅分布于非洲的马达加斯加，营树栖生活，主要以各种蜥蜴为食。叶吻蛇属已知3种，全部长有形态各异的吻突。其中，马达加斯加叶吻蛇的性二型现象十分显著，雄性背面为褐色，腹面呈黄色，吻突为尖而细的锥状；雌性体色为灰褐色，有斑驳的杂色斑纹，吻突长而扁，边缘呈锯齿状。关于这种蛇为什么会长有如此怪异的吻突，学界有几种不同的假说，被认可最多的观点是吻突可以模糊它们的轮廓，使其更好地在树枝藤蔓间隐蔽，而不被猎物或捕食者发现。

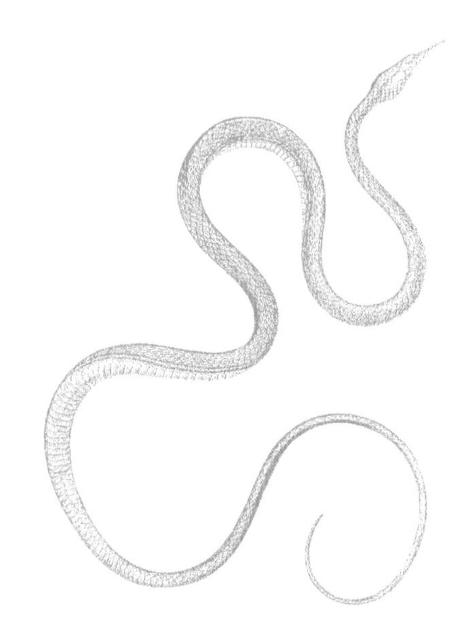

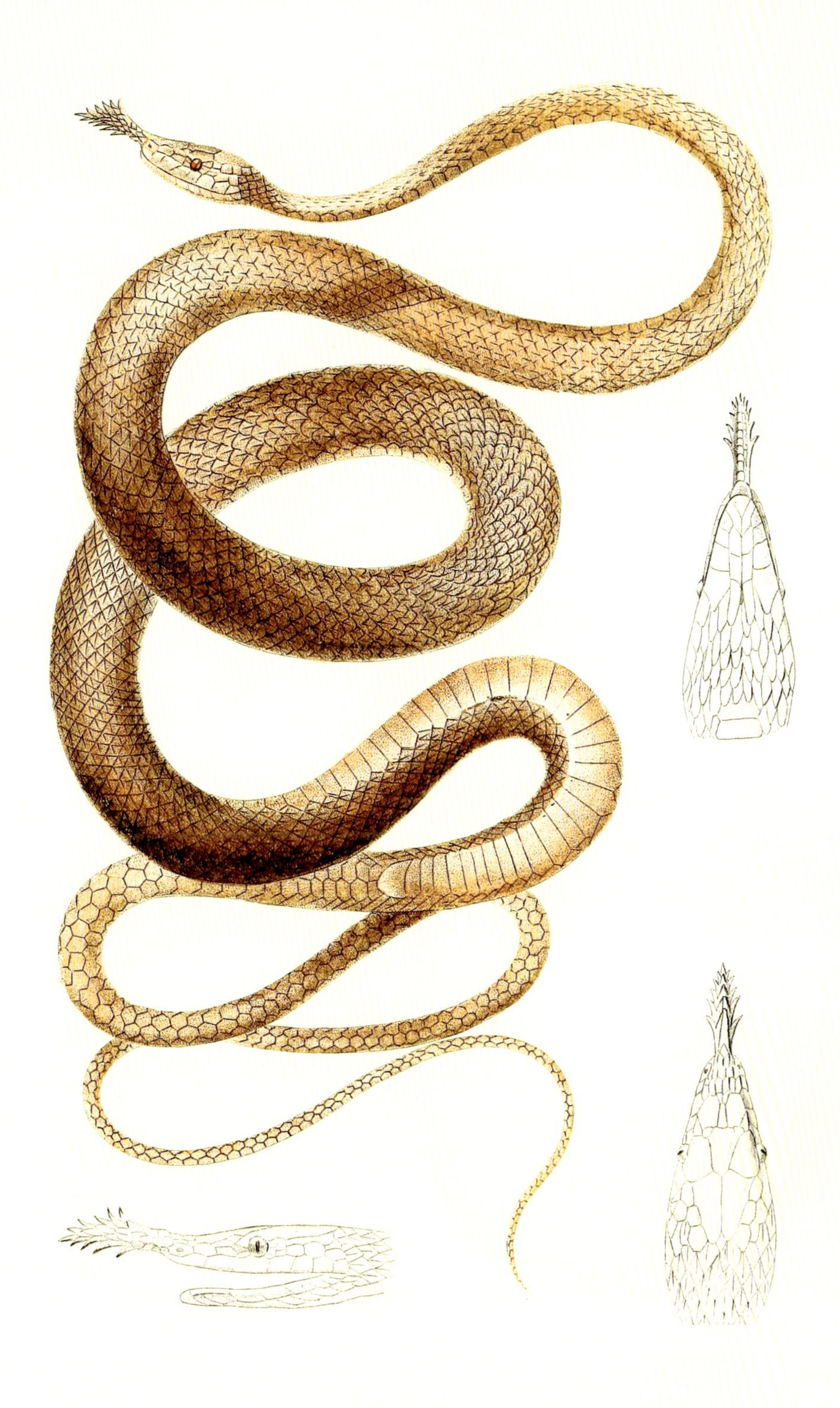

马达加斯加叶吻蛇

（杜梅里 绘）

马达加斯加叶吻蛇

（费卿格 绘）

28. 眼镜蛇科

印度眼镜蛇

Naja naja

眼镜蛇是一类为人所熟知的剧毒蛇，多分布于亚、非大陆的温暖地区，目前已知20余种。它们的招牌动作是竖立起前半身，颈部平扁扩大，作攻击姿态。眼镜蛇属的属名 *Naja* 源于梵语nāga。在古印度神话传说中，nāga指一类形似蛇、具多个头、水栖生活的神兽，它们是佛陀的护法之一。在古印度和东南亚国家寺庙中，nāga的造型非常常见，且常伴于佛陀身后。佛教传入中国后，中国人根据自身文化将其翻译为“龙”。“天龙八部”中的“龙”指的就是这种从古印度传来的蛇形神兽。

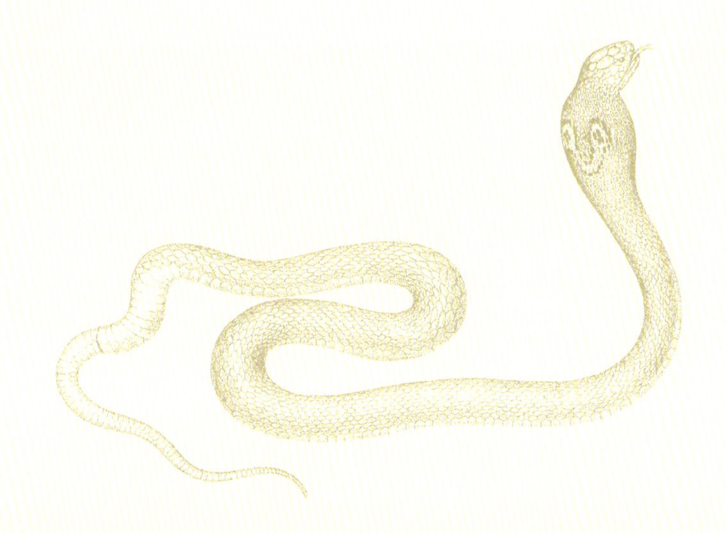

印度眼镜蛇

（费卿格 绘）

金环蛇

Bungarus fasciatus

金环蛇主要分布于南亚、东南亚及我国华南地区，全长1.2～1.5米，最长可达2.1米，是一种体型中等偏大的前沟牙毒蛇。通身具黑黄相间的环纹，背脊明显棱起，呈屋脊状。它们的尾尖圆钝，遇到危险时常将头埋于身体之下，以尾巴作为“假头”迷惑敌人，伺机逃走或发起攻击。金环蛇的毒牙较小，毒液为神经毒素，被咬伤后几乎看不见伤口，且伤口不红不肿，伤者常意识不到自己已中剧毒，如不及时进行治疗，将有生命危险。

金环蛇

（费卿格 绘）

美丽珊瑚蛇

Micrurus corallinus

珊瑚蛇是一类分布于新大陆的剧毒蛇，目前已知约80种。它们大多具有色彩艳丽的环纹，称得上是最美丽的蛇类类群之一。如此美貌，使得珊瑚蛇具有非常高的辨识度，人和动物都对其避让三分，这也让许多无毒蛇纷纷效仿珊瑚蛇的配色，令人难辨真假。不过对于大多数蛇类来说，不同类群间体色差异非常巨大，色彩鲜艳与否并不可作为判断蛇类有无毒性的依据。

美丽珊瑚蛇

（费卿格 绘）

光滑剑尾海蛇

Aipysurus laevis

海蛇隶属于眼镜蛇科，包括陆地栖和水栖两大类群。水栖类群目前已知六十余种，又可分为扁尾海蛇亚科和海蛇亚科两大支，广泛分布于印度洋和太平洋的温暖海域，仅有个别种类栖息于淡水湖泊中。水栖类群的海蛇高度适应水生生活，尾巴侧扁，鼻孔内生有瓣膜，除扁尾海蛇属的8个种类以外，均营卵胎生殖，腹鳞变小甚至完全消失，几乎终生生活于海中。海蛇无法像在陆地上生活的蛇类一样凭借气味追踪猎物，为防止猎物逃脱，海蛇需要将其一击毙命，故海蛇均具有毒性非常猛烈的毒液。好在海蛇大多性情温顺，极少主动攻击人。

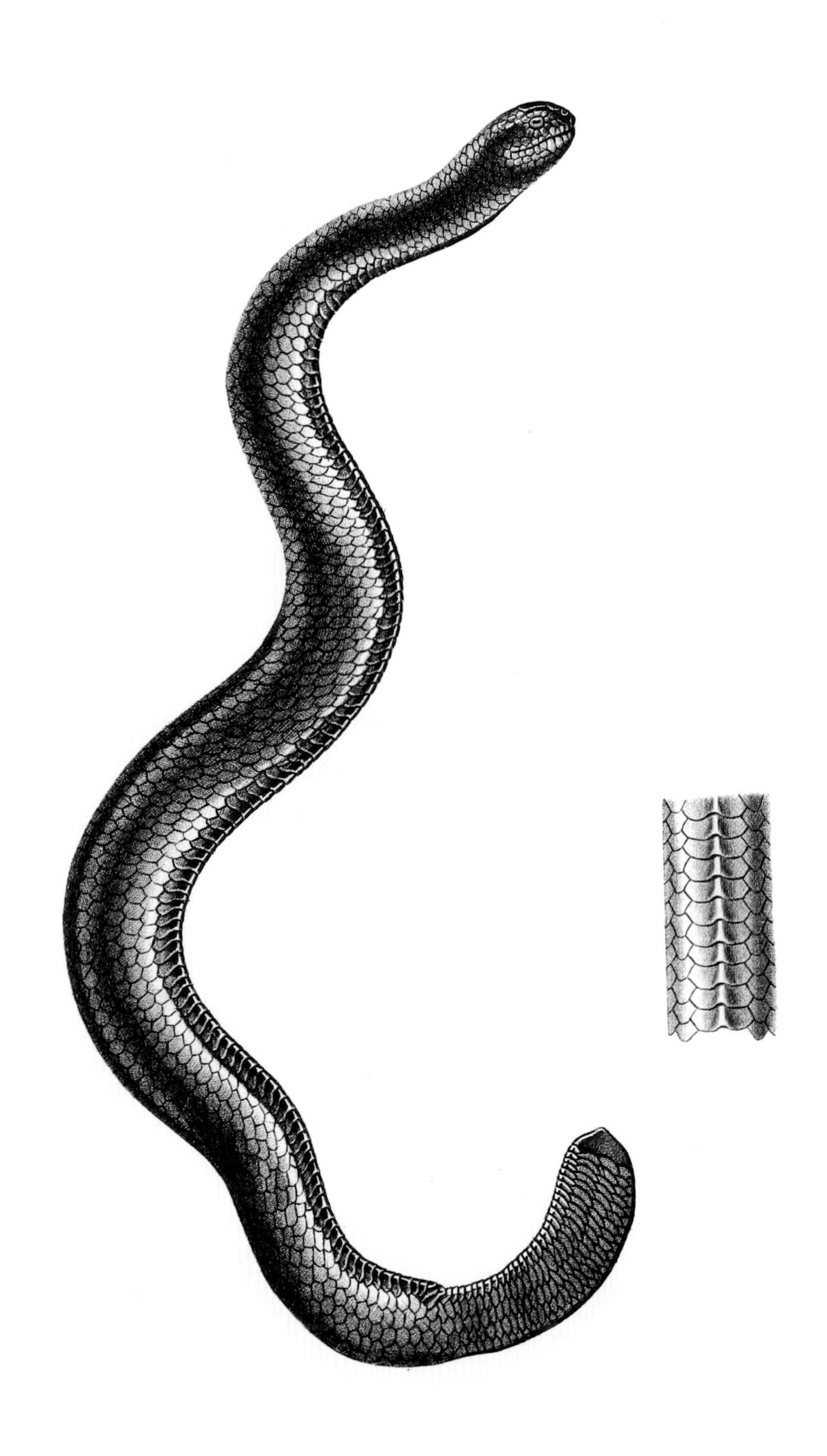

光滑剑尾海蛇

（杜梅里 绘）

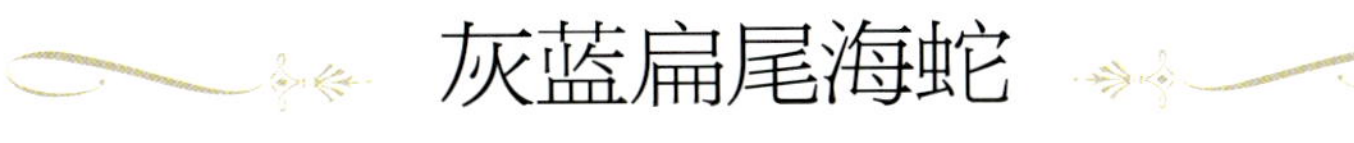

灰蓝扁尾海蛇

Laticauda colubrina

扁尾海蛇属（*Laticauda*）隶属于眼镜蛇科、扁尾海蛇亚科，现已知8种，全部分布于太平洋和印度洋的温暖海域。与完全适应海栖生活的海蛇不同的是，扁尾海蛇属于一类“半海栖”的蛇类，它们保留有宽大的腹鳞，可以在陆地上自由爬行，但还具有如桨一般扁平的尾巴。其二者最根本的区别还是在于生殖方式的不同，大部分海蛇营卵胎生殖，而扁尾海蛇为卵生。每到繁殖季节，大量扁尾海蛇都会聚集于沿岸珊瑚礁完成交配，不久后将卵产于沿岸裸露的礁石缝中。

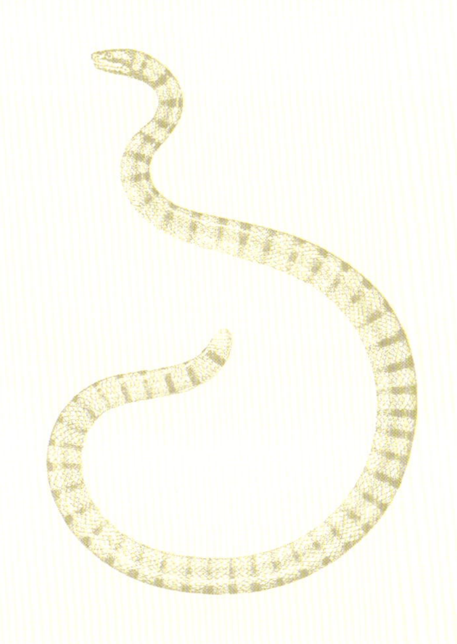

灰蓝扁尾海蛇

（费卿格 绘）

29. 蝰(kuí)科

蝰科蛇类

Viperidae

“三角形头的蛇有毒，椭圆形头的蛇没有毒”，这是很多人判断蛇有无毒性的主要依据，事实上这种区别方式非常片面。蝰科的蛇类因其种类繁多、分布广泛、造成蛇伤数目较多，因而被认为是毒蛇中的“典型”。它们大多数都长有一个近乎三角形的脑袋，人们就将这个特点认作是毒蛇的特征之一。但是，如颈棱蛇等无毒蛇也具有近似三角形的脑袋，又如游蛇科的很多无毒蛇在被激怒时上颌骨向外撑开，也会使头部呈三角形。更重要的是，很多眼镜蛇科的剧毒蛇都具有椭圆形的脑袋，包括世界上毒性最强的蛇类——内陆太攀蛇。所以在野外遇到蛇时，千万不要盲目判断其是否具有毒性，保持安全距离，互不伤害，对人和对蛇都是最好的保护。

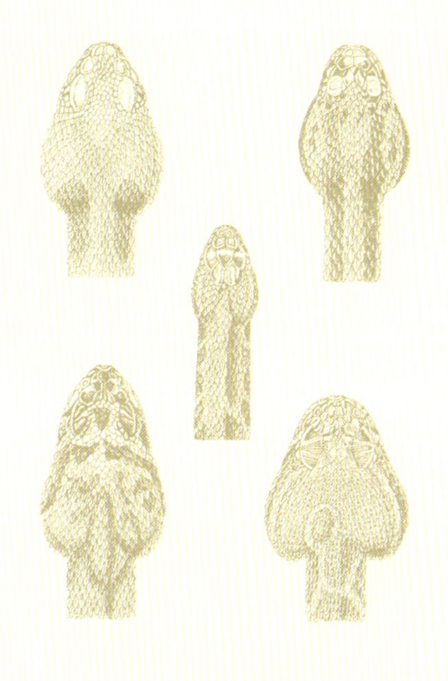

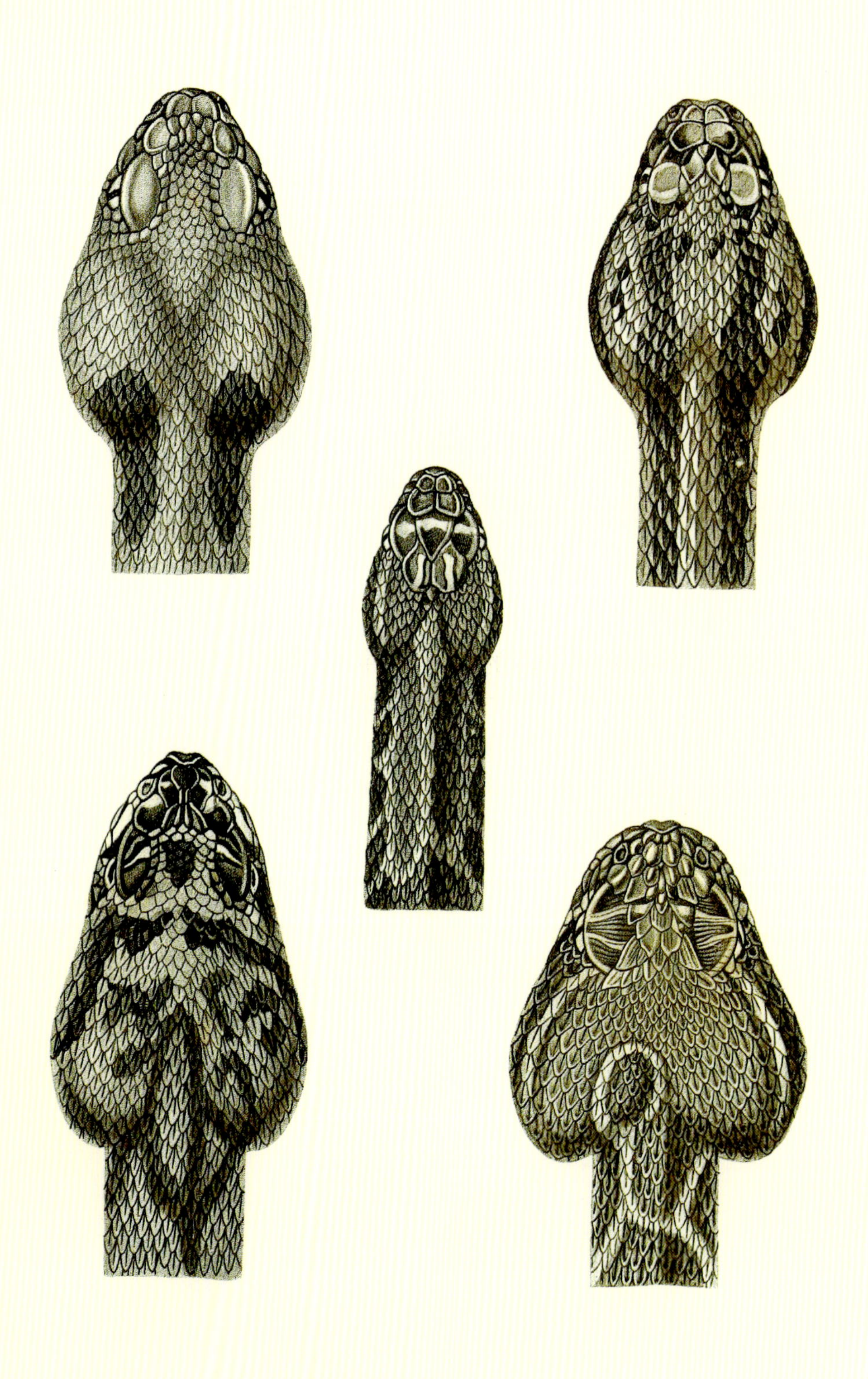

蝰科蛇类

（杜梅里 绘）

极北蝰

Vipera berus

极北蝰广泛分布于欧洲及亚洲北部地区，是分布纬度最高的蛇类，最北可逾过北极圈外缘。由于身处严寒之地，食物资源较为短缺，雌性极北蝰每2~3年才发情一次，从而使得雄性间争夺配偶权的竞争更为激烈。不过好在雄性极北蝰会以一种非常绅士的方式决出胜负，那就是“斗舞”。斗舞时两条雄蛇彼此尾部缠绕在一起，头和躯体前部昂首竖立，双方都拼尽全力压制对方，这是一场比拼体型与力量的对抗，只有最强壮的雄性能获得宝贵的交配权，将自己的基因延续下去。

极北蝰

（费卿格 绘）

沙蝰

Vipera ammodytes

沙蝰分布于欧洲南部和中东部分地区，虽然名字中含一个“沙”字，但它们并不生活在沙漠，只是通常栖于植物稀疏、多石砾的干旱环境。沙蝰全长50～80厘米，最大者接近1米，看模样好像大一号的极北蝰，其特征在于吻端有一上翘的突起。它们是欧洲毒性最强的蛇类之一，但即便如此，其咬伤也很少出现致人死亡的事件。

沙蝰

（费卿格 绘）

鼓腹咝蝰

Bitis arietans

如果问哪种蛇是非洲造成人伤亡最多的蛇，鼓腹咝蝰当仁不让。它们广泛分布于非洲大陆和西亚部分地区的热带草原及稀树草原，而且经常出没于人类居住区的周围。鼓腹咝蝰的头部呈宽大的三角形，体型短粗，体长一般不超过1米，但是资料记载中的最大个体竟长达1.9米，重量超过6千克，躯体最粗处围度可达到40厘米。鼓腹咝蝰的爬行方式同很多大型蟒蚺类似，为直线运动，这是由于腹鳞与其下方的组织之间较疏松，肋骨与腹鳞间肌肉有规律的收缩可以牵引腹鳞向前运动。这种爬行方式必然导致爬行速度缓慢，但千万不要被它笨拙的样子所蒙蔽，鼓腹咝蝰在发动攻击时的速度可谓快如闪电，而且力道惊人，毒牙会深深地刺入猎物体内，甚至可以咬穿皮革。

鼓腹咝蝰

（杜梅里 绘）

加蓬咝蝰

Bitis gabonica

相比于暴躁的鼓腹咝蝰，生活在西非雨林环境中的加蓬咝蝰性格要沉稳得多，但这丝毫不意味着可以放松警惕，它们只不过是更喜欢静静地伏击猎物。加蓬咝蝰全长1.2~1.5米，最大记录达2.05米。头部扁平宽大，鼻孔之间具一对角状突。它们有着蛇类中最长的毒牙，长度可逾5厘米。加蓬咝蝰体背具有复杂华丽的几何形花纹，当它们藏匿于落叶层中时，这些花纹便会营造出绝佳的隐蔽效果。它们很有耐心，可以保持一动不动长达数个小时，一旦有猎物进入攻击范围便会猛然出击，将大量毒液注入猎物体内，而后迅速地松开猎物，以免因其挣扎而折断毒牙，待到猎物毒发身亡，再不慌不忙地大快朵颐。

加蓬咝蝰

（杜梅里 绘）

彩锯鳞蝰

Echis coloratus

锯鳞蝰是一类小型剧毒蛇，全长30～50厘米，较大的种类通常也不足1米，分布于中东、北非及南亚部分地区，目前已知约有11种。锯鳞蝰得名于其体侧鳞片具有锯齿状的棱，它们在受到惊扰时会快速扭动躯体，使鳞片之间相互摩擦，发出“沙沙”的声音。锯鳞蝰体型虽小，但毒性不容小觑，很难看出它们是蝰科蛇类中毒性最强的类群之一，强烈的血循毒会对机体造成严重破坏，包括伤口周围肿胀，严重的内出血、组织坏死等症状，严重者会因颅内出血或急性肾衰竭而死亡。

彩锯鳞蝰

（杜梅里 绘）

角蝰

Cerastes cerastes

角蝰分布于北非及中东部分地区的荒漠环境，是一种善于隐于沙中进行伏击的剧毒蛇。全长30～80厘米，通常雌性较雄性体型为大，体色通常为砂黄色，体背具褐色块状斑，尾尖呈黑色。它们最大的特点在于其眼上方具一尖锐的角状突，有学者猜测这种特殊结构的作用在于，当角蝰将全身隐藏在沙子中时，角状突有助于使其眼睛暴露于沙子之外。不过除角蝰以外，蝰科中还有另外几种蛇类也具有类似的角状突，它们彼此之间栖息环境、捕食目标、捕食策略等不尽相同，因而目前学界尚不明确类似这样的角状突对于蛇类究竟有何特殊作用。

角蝰

（费卿格 绘）

墨西哥跳蝮

Atropoides mexicanus

墨西哥跳蝮分布于墨西哥、危地马拉、洪都拉斯等中美洲国家，全长约50～80厘米，最长可接近1米，是一种体型十分粗壮的管牙类毒蛇。背脊棱起呈屋脊状，正背具数十个深色菱形花纹，花纹之间或连为锁链状，体背覆盖的鳞片起棱明显，十分粗糙。从名字上来看，似乎它们会跳起来攻击猎物及敌人，但实际上这是夸张的说法，它们的攻击姿态与其他蝮蛇并没什么两样。跳蝮属的属名源自古希腊神话中掌管万物命运的三位女神之一阿特洛波斯（Atropos）。

墨西哥跳蝮

（杜梅里 绘）

美洲矛头蝮

Bothrops jararaca

矛头蝮是一类分布于新大陆的管牙类毒蛇，目前已知四十余种，是西半球造成蛇伤事故最多的蛇类类群。矛头蝮属（*Bothrops*）的属名由两部分组成，“bothro”意为“坑”，“ops”意为“脸”，其所指的是蝮亚科蛇类所特有的一个器官——颊窝。颊窝位于蝮亚科蛇类头部两侧，眼与鼻之间，为一对明显的凹陷。颊窝的作用类似于红外热成像仪，能够帮助蛇类在漆黑的环境内进行捕食。颊窝内部有一颊窝膜，膜上分布着丰富的神经末梢。颊窝可分为内外两室，内室有一小孔与外界相通，感受环境温度，外室接收发热物体所散发的热射线。当有恒温动物进入它的感受范围时，膜两侧形成温度差，神经末梢将兴奋传导至神经中枢，从而产生感觉。

美洲矛头蝮

（费卿格 绘）

美丽矛头蝮

Bothrops alternatus

美丽矛头蝮分布于巴西、巴拉圭、乌拉圭和阿根廷等南美洲国家，喜栖于热带及亚热带潮湿的阔叶林中，多见于水边活动。体长约80～160厘米，通常雌性体型较雄性大。体色呈褐色，体背两侧各具一列镶白边的深褐色马蹄纹。美丽矛头蝮在原产地是一种非常常见的毒蛇，也是当地造成蛇伤事故最多的毒蛇之一，其毒腺分泌出的血循毒素会严重破坏机体组织，造成伤口红肿疼痛、内出血、组织坏死等，严重者会因急性肾衰竭或颅内出血而死亡。不过，只要及时接受科学救治并注射抗蛇毒血清，大多数伤者都不会有生命危险。

美丽矛头蝮

（杜梅里 绘）

蛇类毒牙

蛇类的毒牙可分为三大类。

①前沟牙：毒牙位于上颌前端，近似于中空的锥状但未完全封闭，前面具有细小的沟槽。毒液由毒腺分泌，经毒牙下部的小孔及沟槽注入猎物体内。代表类群为眼镜蛇科。

②后沟牙：后沟牙的结构与前沟牙类似，位于上颌后端，一般在吞食过程中将毒液注入猎物体内。代表类群为游蛇科和水蛇科的部分种类。

③管牙：管牙是最进步的毒牙类型，位于上颌前端，多长而弯曲，已完全封闭，呈管状。代表类群为蝰科。

蛇类毒牙

（杜梅里 绘）

布洛赫
手绘鱼类图谱

雷杜德
手绘花卉图谱

休伊森
手绘蝶类图谱

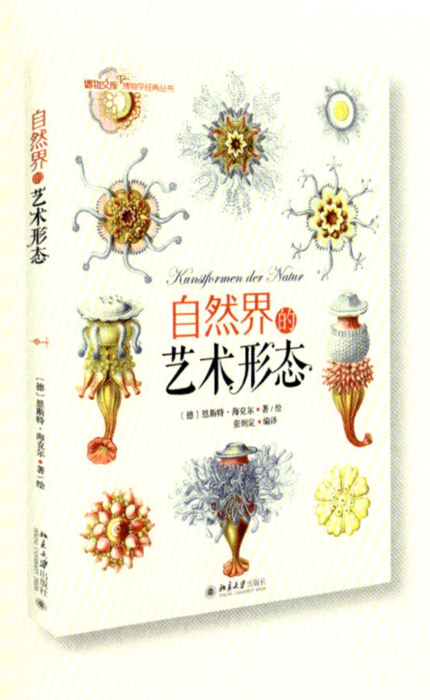

Kunstformen der Natur
自然界的艺术形态

天堂飞鸟
古尔德手绘鸟类图谱

玛蒂尔达
手绘木本植物

果色花香
圣伊莱尔手绘花果图志